普通高等学校风景园林专业规划教材

风景园林数字可视化设计

——SketchUp 2018 & Lumion 8.0

仇同文　李晓君　张菲菲　编著

化学工业出版社

·北京·

内 容 简 介

《风景园林数字可视化设计——SketchUp 2018 & Lumion 8.0》以SketchUp和Lumion两个软件为讲述重点，在讲解方式上更加侧重景观设计的专业特点及设计软件的使用流程、绘图中的实用技巧和真实设计案例的示范讲解等，而对于软件本身，不可能面面俱到，由于篇幅和专业的限制，对于景观设计表现过程中极少用到的工具和命令本书不再赘述。

《风景园林数字可视化设计——SketchUp 2018 & Lumion 8.0》可作为高等学校风景园林、景观设计、环境艺术设计等专业的学生进行数字可视化设计学习的专业教材，也可以作为景观设计、环境艺术设计等相关行业的设计人员以及想涉足景观计算机图纸表现行业的设计爱好者的自学参考书。

图书在版编目（CIP）数据

风景园林数字可视化设计：SketchUp 2018 &
Lumion 8.0/仇同文，李晓君，张菲菲编著.—北京：
化学工业出版社，2021.1（2024.6重印）
普通高等学校风景园林专业规划教材
ISBN 978-7-122-38047-0

Ⅰ.①风… Ⅱ.①仇… ②李… ③张… Ⅲ.①园
林设计-景观设计-计算机辅助设计-应用软件-高等学
校-教材 Ⅳ.①TU986.2-39

中国版本图书馆CIP数据核字（2020）第244596号

责任编辑：尤彩霞　　　　　　　　　　　装帧设计：关　飞
责任校对：王　静

出版发行：化学工业出版社（北京市东城区青年湖南街13号　邮政编码100011）
印　　装：北京缤索印刷有限公司
787mm×1092mm　1/16　印张9　字数200千字　2024年6月北京第1版第5次印刷

购书咨询：010-64518888　　售后服务：010-64518899
网　　址：http://www.cip.com.cn
凡购买本书，如有缺损质量问题，本社销售中心负责调换。

定　　价：**68.00元**

前　言

景观设计是一门综合性很强的学科，设计师需要了解场地现状的各种条件，并通过合理的分析、设计，力争解决地块面临的问题并使其满足使用需求。在这一过程中，考验的是设计师在面对设计任务时的综合素质和设计能力，包括场地分析能力、逻辑思维能力、创意构思能力等，这些是一个好的设计方案成型的必备条件，而方案构思在经过场地调研、现状分析、草图绘制、修改调整之后，需要以更加完整规范的方式表现出来。通常的手绘表现方式有一定的局限性，图纸的表达精确度和逼真度不足。而通过不同类型的计算机辅助设计软件的组合使用，可以使图纸更加精准、表现方式更加多样、效果更加出众。

以计算机辅助设计的方式去表现设计方案是目前最为常见也是效果最好的表达方式，而设计方案文本图册的排版、后续施工图纸的绘制则更是离不开计算机软件的辅助。

在计算机设计软件中，目前最常使用的是AutoCAD、Photoshop、SketchUp、Lumion，这些软件在不同的设计阶段和在绘制不同种类的图纸过程中都起到至关重要的作用。其中，SketchUp是景观设计中最为实用的建模和效果图软件，我们可以使用它来构思方案、推敲空间，同样也可以用它来进行精确绘图和效果图的表现，而易学易用的特点也让它成为景观设计表现的一大利器；Lumion作为一个近些年才崭露头角的新一代实时可视化三维软件，正被越来越广泛地应用于景观效果图和动画电影的制作中，它所传达的真实空间体验和即时渲染模式为设计表现提供了更新的思路（AutoCAD和Photoshop的相关内容作者已在其它教材中讲述并出版，可参考化学工业出版社《风景园林计算机辅助设计——AutoCAD 2016 & Photoshop CS6》）。

SketchUp和Lumion这两个软件是本书讲述的重点，但在讲解方式上会更加侧重景观专业的特点，更侧重设计软件的使用流程、绘图中的实用技巧和真实设计案例的示范讲解等，而对于软件本身，并不会讲述得面面俱到。由于篇幅和专业的限制，对于景观设计表现过程中极少用到的工具和命令本书不再赘述，如有需要可参考相关软件教程，敬请读者谅解。

《风景园林数字可视化设计——SketchUp 2018 & Lumion 8.0》可作为高等学校风景园林、景观设计、环境艺术设计等专业的学生进行数字可视化设计学习的专业教材，也可以作为景观设计、环境艺术设计等相关行业的设计人员以及想涉足景观计算机图纸表现行业的设计爱好者的自学参考书。本书讲解使用的版本为SketchUp 2018和Lumion 8.0，读者可根据自身情况选择版本进行安装，版本的不同对软件的学习不会产生太大影响。

注：本书正文中常用到的"单击""双击""右击"一般统指单击鼠标左键、双击鼠标左键、单击鼠标右键，正文中不再一一注释。

本书所有的素材资源可登录化学工业出版社教学资源网http://www.cipedu.com.cn免费注册下载。

编著者

2020 年 9 月

目　录

第1章

SketchUp 核心命令使用要点

> 概述：本章主要讲述 SketchUp 的主要工具和命令的使用方法及操作技巧，重点讲解在园林景观设计中使用频率较高的一些核心命令的操作方式。在使用 SketchUp 进行园林景观建模及效果图表现时，需要用户对主要建模工具进行学习了解，掌握常规的建模流程，学习使用快捷键切换工具以提高效率，并熟练掌握一些常用的插件。由于篇幅有限，而 SketchUp 的插件种类又极其繁多，因此，本书只对其中几个常用插件进行讲解，权作抛砖引玉，如有需要，用户可自行了解其它插件的安装和使用方法。

1.1 SketchUp基础知识

SketchUp基础知识包括SketchUp的工作界面介绍与优化、文件的基本操作、视图操作、绘图环境设置和插件等，了解和掌握这些基础知识，有助于我们对后续各项工具和命令的学习，并为景观的模型创建和效果图制作打下良好的基础。

1.1.1 SketchUp 2018工作界面介绍与优化

1.1.1.1 软件启动

在完成软件安装后，可通过双击桌面生成的SketchUp 2018程序快捷方式来启动软件。软件启动后，会出现欢迎界面，用户可单击其中的"选择模板"，并根据需要进行选择，例如可选择"景观建筑设计 - 米"，之后单击"开始使用SketchUp"，即可打开软件，如图1-1所示。

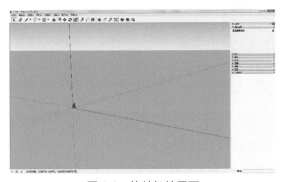

图1-1 软件初始界面

1.1.1.2　初始界面与优化

为方便使用，往往需要对SketchUp的初始界面进行优化处理，用户可单击菜单栏"视图"—"工具栏"，打开对话框，在其中控制各类工具栏的显示或隐藏，例如可将"标准""大工具集""沙盒""风格""高级相机工具"等常用工具勾选，将"使用入门"取消勾选，如图1-2所示。用户也可根据自己的使用习惯，选择安装各类SketchUp插件，安装后的插件也会添加到"工具栏"对话框中，用户可根据需要将其显示，并在软件界面中，对工具条进行拖动并排列，如图1-3所示为安装部分插件并优化后的工作界面。

图1-2　"工具栏"对话框

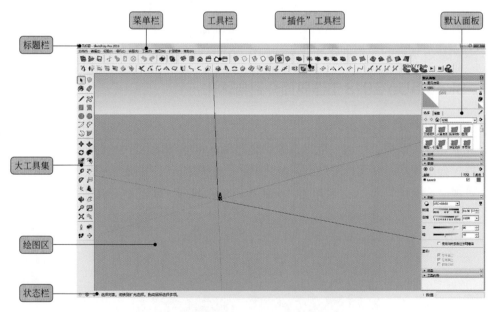

图1-3　优化后的SketchUp 2018工作界面

1.1.1.3　标题栏、菜单栏和工具栏

标题栏位于软件最上方，用于显示当前文件的名称和软件版本。

菜单栏包含了SketchUp 2018中能够执行的绝大部分命令，包括文件、编辑、视图、相机、绘图、工具、窗口等。

工具栏位于菜单栏下方，用户可以在菜单栏"视图"—"工具栏"中打开对话框，从中选择需要显示的工具组，也可以在工具栏的任意位置右击鼠标，在打开的快捷菜单中进行选择。工具栏中的工具组可以拖动至任意位置进行排列组合。

1.1.1.4 大工具集

大工具集是SketchUp 2018中多种常用工具组的集合，包含了软件大部分的核心工具，如绘图工具组、编辑工具组、建筑施工工具组、视图操作工具组等，用户也可以根据需要移动大工具集的位置。

1.1.1.5 默认面板

默认面板是SketchUp 2018新加入的一项功能组合，它将材料、组件、风格、图层、阴影等常见的工具面板整合到一起，使绘图过程变得更加便捷和高效。用户可以通过菜单栏"窗口"—"默认面板"来控制它的显示内容和方式。

1.1.1.6 绘图区和状态栏

绘图区占据了大部分的软件界面，是用户绘图的主要工作区域，默认情况下显示为等轴视图，在其三维坐标中，红线为X轴，绿线为Y轴，蓝线为Z轴，三线交汇处为0，0，0坐标原点。

状态栏在用户选择工具时，会出现该工具的作用和使用方法的提示，右侧的数值输入框，可在用户切换不同的工具时，进行数值的输入，例如长度、半径、距离、角度、边数等。

1.1.2 文件基本操作

1.1.2.1 新建文件

启动SketchUp 2018后，用户可以通过单击菜单栏"文件"—"新建"命令，或按下"标准"工具栏中的"新建"按钮 🔾 ，或输入快捷键【Ctrl+N】进行新建模型文件。SketchUp 2018只支持单窗口操作，因此在新建文件时会关闭当前已经打开的文件。

1.1.2.2 打开文件

通过单击菜单栏"文件"—"打开"命令，或按下"标准"工具栏中的"打开"按钮 📂 ，或输入快捷键【Ctrl+O】均可出现"打开"对话框，用户可在其中选择需要打开的文件，并单击"打开"按钮即可。

1.1.2.3 保存文件

在对模型进行编辑完成后，用户可以通过单击菜单栏"文件"—"保存"命令，或按下"标准"工具栏中的"保存"按钮 💾 ，或输入快捷键【Ctrl+S】进行保存文件，执行操作后，系统打开"另存为"对话框，在"文件名"文本框中输入要保存的文件名称，在"保存类型"下拉列表中选择要保存的版本（默认SketchUp标准文件格式为 *.skp），最后单击"保存"。对已经保存过的模型文件执行"保存"命令，会自动覆盖原文件，用户也可以执行"文件"—"另存为"命令，对其进行另外保存。

1.1.3　视图操作

在使用SketchUp 2018的过程中，经常需要对模型视图进行放大、缩小、旋转和平移等操作，以便于观察和推敲模型文件的细节或角度，因此，快速流畅的视图操作是进行其它工具和命令使用的前提和基础。与视图操作相关的工具，用户可在"大工具集"中找到，如图1-4所示。

图1-4　视图操作工具

1.1.3.1　视图旋转

当在SketchUp 2018中对模型进行三维空间的推敲时，经常需要进行视图的旋转，用户可以通过单击视图操作工具中的"环绕观察"工具 ，或按下快捷键O，在窗口中单击拖动来使用该工具，更推荐的方式，是通过使用按下鼠标中键滚轮并拖动的方法，在任何工具下均可对视图进行旋转，大大提高工作效率，如图1-5所示为原模型视图，图1-6所示为旋转后的视图。

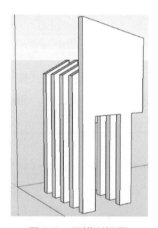

图1-5　原模型视图

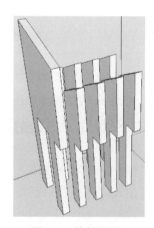

图1-6　旋转视图

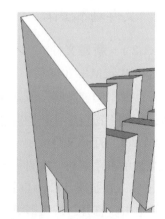

图1-7　放大视图

1.1.3.2　视图放大或缩小

单击视图操作工具中的"缩放"工具 ，或按下快捷键Z即可使用SketchUp 2018中的缩放工具，在视图中向上拖动可放大，向下拖动可缩小，推荐的方式是使用鼠标中键滚轮，向前滚动为放大视图，向后滚动为缩小视图，此方式更加方便快捷，如图1-7为放大后的视图。

当需要对某视图局部进行放大时，也可以使用大工具集中的"缩放窗口"工具 ，或按快捷键【Ctrl+Shift+W】，在需要放大的区域拖动绘制窗口来进行局部放大。

另外，通过单击"充满视窗"工具 ✖️，或按快捷键【Ctrl+Shift+E】，可使整个模型放大或缩小至充满整个绘图窗口；单击"上一视图"工具 🔍，可撤销视图变更操作，恢复到上一个视图显示。

1.1.3.3　视图平移

若当前窗口无法显示所需模型视图时，则需要进行视图平移，可以通过单击"平移"工具 ✋，或按快捷键 H，在窗口中单击并拖动进行视图平移操作。推荐的方式是按下 Shift 的同时按下鼠标中键滚轮并拖动，与缩放和旋转结合使用，更加方便。

技巧提示

○ 实际建模过程中，最常用的旋转、缩放和平移视图的操作只需鼠标中键结合 Shift 即可完成。用户需要熟练使用鼠标中键滚轮滚动来缩放视图、按下鼠标中键滚轮拖动来旋转视图、按下 Shift 键的同时按下鼠标中键滚轮拖动来平移视图。

○ 视图操作还可以结合视图工具组快速切换等轴、俯视、前视、右视等默认视图。

1.1.4　绘图环境设置

SketchUp 2018 的工作区操作界面，也被称作绘图环境，对其进行的优化和设置，可以满足不同使用者的个性化操作习惯，并提高绘图效率。这些设置包括模型信息、系统设置和"风格"面板设置等。

1.1.4.1　模型信息

模型信息用于控制当前模型中的信息设置，用户可以通过单击菜单栏"窗口"—"模型信息"打开对话框，如图 1-8 所示。在"模型信息"对话框中，用户可以对当前模型中的各项参数进行设置，主要选项有：

① 尺寸，用于设置尺寸文本的字体、字号、颜色等格式和尺寸、引线等的选项参数。

② 单位，可设置当前模型空间的长度单位和角度单位，在景观设计中常用单位为 mm（毫米），在面对大尺度景观规划时也可使用 m（米）为单位。

③ 地理位置，用于设置项目位置，会同步更新模型的投影情况。

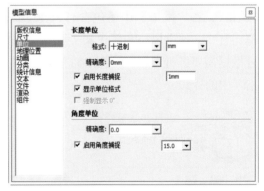

图 1-8　"模型信息"对话框

④ 统计信息，可以统计当前模型或组件的各项数目情况，数目越多代表模型量越大，占用系统资源越多。用户可以单击"清除未使用项"来对模型进行优化，可有效控制模型的大小。

⑤ 文本，用于设置屏幕文字和引线文字等选项。

1.1.4.2　系统设置

在SketchUp 2018中，系统设置主要用于对软件系统进行配置，例如自动保存情况、快捷键的设置、插件的安装、模板的选择等，用户可以通过"窗口"—"系统设置"来打开对话框，如图1-9所示。主要内容包括：

① 常规，可设置自动保存时间、检查模型的问题、场景和风格等内容。

② 工作区，可重置工作区，也可切换工具面板按钮的大小。

③ 绘图，对绘图的各类选项，如单击样式、是否显示十字准线等进行设置。

④ 快捷方式，可对SketchUp 2018中的各类命令进行快捷键的自定义，并可将定义的快捷键进行导入或导出。

图1-9　"系统设置"对话框

⑤ 扩展，可选择显示的扩展命令，也可在此单击"安装扩展程序"来添加 *.rbz 格式的插件。

⑥ 模板，可在此选择默认的绘制模板，建筑设计、施工文件、城市规划、景观建筑设计等。

1.1.4.3　"风格"面板

风格面板用于设置模型显示的样式和风格，在工作界面右侧的默认面板中，可以找到"风格"标签 ▶ 风格 ，单击可使其展开，如图1-10所示。在风格面板中，上半部分显示了当前的样式风格名称和详细介绍，下半部分包括样式风格列表和"选择""编辑""混合"三个页面标签。

（1）样式风格列表

单击列表 在模型中的样式 ，可显示用于选择的风格列表，包括"在模型中的样式"和"风格"，在"风格"中还包含有Style Builder竞赛获奖者、手绘边线、混合风格、照片建模、直线、预设风格和颜色集等默认风格样式，每项中又分别包含若干种具体样式，用户可根据需要进行选择，如图1-11所示为"混合风格"中的样式，如图1-12所示为"预设风格"中的样式。

图1-10　"风格"面板

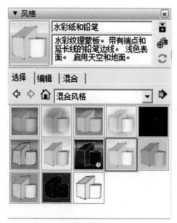

图1-11　混合风格中的样式

图1-12　预设风格中的样式

（2）"选择"标签

在"选择"标签状态下，会以缩略图的方式显示当前所选风格的具体样式，用户可在其中单击选择需要的样式，工作区中的模型就会自动与其匹配并进行显示。如图1-13所示为"预设风格"中的"景观建筑样式"时的模型显示状态，图1-14所示为"混合风格"中的"水彩纸和铅笔"时的模型显示状态，图1-15所示为"Style Builder竞赛获奖者"中的"带框的染色边线"时的模型显示状态，图1-16所示为"手绘边线"中的"钢笔曲线"时的模型显示状态。

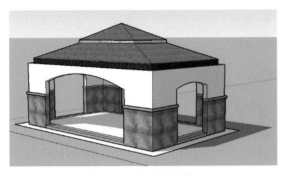

图1-13　景观建筑样式

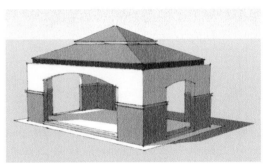

图1-14　水彩纸和铅笔

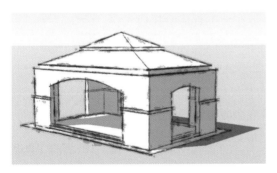

图1-15　带框的染色边线

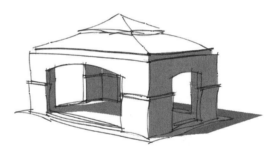

图1-16　钢笔曲线

（3）"编辑"标签

在"编辑"标签状态下，可对当前所选样式的选项参数进行调整，以满足个性化的风格设置。在选项中，可通过单击不同的图标按钮，对"边线" 、"平面" 、"背景" 、"水印" 和"建模" 等参数进行调整。

1.1.5　插件

SketchUp 2018作为一款面向设计过程的即时可视化三维软件，有着易学易用的特点，但这一特点也使其在面对一些复杂实体的建模和真实渲染过程中有着先天的不足，而SketchUp 2018各种插件的出现，很好地弥补了这些问题，并大大提升了建模效率和出图效果。

目前，各类SketchUp插件已达数千种，如图1-17所示为其中一小部分，目前常用的有SUAPP插件库、1001bit pro建模插件集、贝兹曲线、边线处理工具、Soap Bubble等，还包括面向真实渲染的Vray for SketchUp渲染插件，用户可以根据需要下载安装使用。由于篇幅有限且各类插件数量繁多，本教材不涉及插件使用方法的讲解。

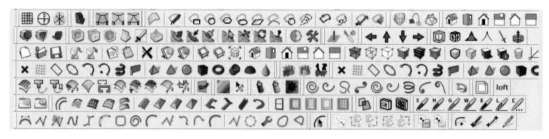

图1-17　部分插件

1.2　绘图工具

SketchUp 2018中的绘图工具有直线、手绘线、矩形、旋转矩形、圆、多边形、圆弧、扇形等，这些都是模型创建初期最常用到的绘图核心命令，是后续模型编辑和修改的基础，用户可在大工具集中找到绘图工具组，如图1-18所示。

1.2.1　直线

直线工具 ✏，可以在平面或空间中绘制单段或多段直线段，并可用于闭合封面、分割线段和表面等。用户可以在大工具集中单击该工具按钮，或按快捷键L来执行。

图1-18　绘图工具组

1.2.1.1　绘制直线段

使用直线工具，单击确定直线起点，移动鼠标确定直线方向，再次点击可确定直线端点，此时，按下Esc键可以结束绘制，也可以继续单击来重复创建多段直线。画线时，绘图区右下角的数值区 长度 2000 会显示长度值，用户也可以通过输入长度数值然后按回车键确认，来绘制精确尺寸的直线段。除了可输入长度外，还可以通过输入三维坐标来绘制空间中的线条，例如可输入 长度 [500,1000,500] ，三个数值分别代表距离0，0，0坐标原点的绝对坐标位置，输入 长度 <200,400,600> ，则代表了距离上一个起点的相对坐标位置。

1.2.1.2　绘制闭合线段并创建面

当使用直线工具绘制多条线段，并回到原起点时，可形成闭合的表面，如图1-19所示。此时，直线工具会完成并结束直线绘制，但工具仍处于激活状态，可继续创建其它直线。对于闭合的线段，直线工具还可以起到补充封面的作用，如图1-20所示。

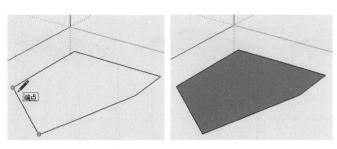

图 1-19　创建面

图 1-20　补充封面

1.2.1.3　分割线段和面

在一条线段上进行绘制直线，这条直线段会从交点处被分割成两段，如图 1-21 所示；对于已经存在的面上进行绘制直线，如果该直线两个端点与面的边线相接，则会将面分割，如果不与面的边线相接，则不会产生分割，如图 1-22 所示。

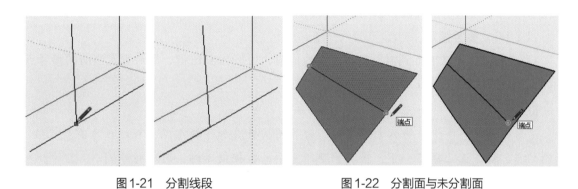

图 1-21　分割线段　　　　　　　图 1-22　分割面与未分割面

1.2.1.4　利用捕捉提示绘制直线

利用 SketchUp 2018 强大的捕捉提示，用户可以在三维空间绘制与已有对象具有精确对齐关系的直线，这些捕捉提示有端点、中点，如图 1-23 所示，也可捕捉线或面上的特殊点，如在边线上、在平面上、以点为起点等，如图 1-24 所示，还可绘制与轴线或已知直线平行或垂直的直线，红线表示与红色轴线 X 轴平行，绿线与蓝线分别表示与绿色轴线 Y 轴和蓝色轴线 Z 轴平行，紫线表示与已知直线平行或垂直，如图 1-25 所示。

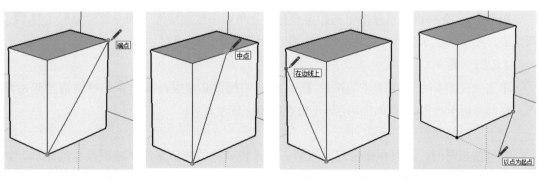

图 1-23　捕捉端点、中点　　　　　图 1-24　捕捉在边线上、以点为起点

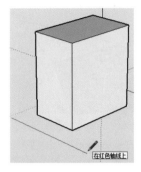
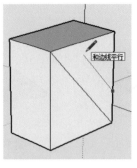
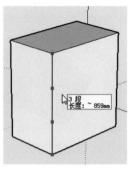
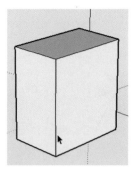

图1-25 与轴线或边线平行   图1-26 等分线段

1.2.1.5 等分线段

在线段上右击鼠标，在弹出的快捷菜单中，可选择"拆分"，此时移动鼠标，线段会自动提示等分的段数，在确定的段数出现后，单击鼠标即可，也可以通过在数值控制框中输入的方式来确定等分的段数，如图1-26所示。

1.2.1.6 参考锁定

当受到干扰无法捕捉到需要的参考点或面时，可按住Shift键，即可锁定当前的参考点或面，用户可根据需要在绘图过程中使用。

> **技巧提示**
>
> ○ 在绘制一些特殊的参考线段时，为了使捕捉更加快捷准确，可以在原有或已绘制的点、线、面上停留一下，当其出现所需的捕捉提示时，再进行绘制。
>
> ○ 当需要绘制沿轴的平行线时，可按下Shift键锁定参考，也可以按键盘上的方向键来对某个轴线进行快速锁定，按右方向键→可锁定X轴，左方向键←可以锁定Y轴，上方向键↑可以锁定Z轴，再次按下方向键时为解锁。
>
> ○ 直线工具除了常规的绘制命令外，还可以用来测量线段的长度，使用时，单击确定所需测量线段的起点，然后将鼠标移动到线段终点位置，即可在数值输入框中看到该线段的长度。

1.2.2 矩形与旋转矩形

矩形工具 ▨ ，可以通过指定起始角点和终止角点来绘制矩形平面；旋转矩形工具 ▨ ，则是通过三个角点来更加方便地绘制空间中的矩形平面。

1.2.2.1 矩形

单击大工具集中的矩形工具图标 ▨ ，或按快捷键R可执行该命令，单击指定起始角点，移动鼠标至所需位置单击指定终止角点即可完成绘制。

（1）绘制精确矩形

在绘制矩形时，可以在指定起始点后，输入长和宽的数值来绘制精确尺寸的矩形，如要绘制长600、宽300的矩形，则输入"600，300"，如果输入负值，如"-600，-300"，则绘制反方向矩形。

（2）利用捕捉绘制矩形

在指定起始点后移动鼠标，当出现虚线并提示"正方形"时，单击可创建正方形，提示为"黄金分割"时，则可创建具有黄金分割比例的矩形，如图1-27所示。

利用SketchUp 2018的捕捉提示，用户还可以绘制空间中的矩形，如图1-28所示为通过"以点为起点"参考捕捉到Z轴方向时的提示。

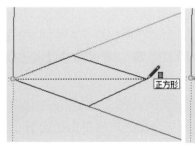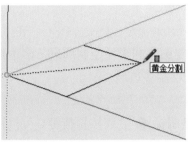

图1-27　正方形与黄金分割捕捉

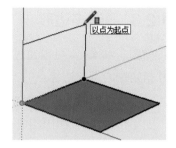

图1-28　捕捉绘制空间矩形

1.2.2.2　旋转矩形

单击大工具集中的旋转矩形工具图标 ▱ ，此时，光标会显示为量角器的样式，单击确定第一个角点，移动鼠标至所需位置后单击确定第二个角点，再次单击指定第三个角点，如图1-29所示，即可绘制完成旋转矩形。

（1）绘制精确旋转矩形

使用旋转矩形工具指定第一个角点后，可直接输入矩形的边长长度，例如1000，之后再次输入旋转的角度和另外一个边长，两个数值间以逗号（,）隔开，例如"60,500"，即可创建边长为1000、500，角度为60°的旋转矩形，如图1-30所示。

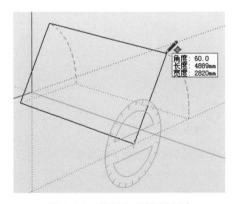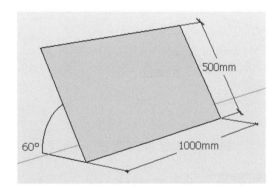

图1-29　旋转矩形绘制方法　　　图1-30　精确绘制旋转矩形

（2）利用组合键绘制旋转矩形

在指定第一个角点后，可以按住Alt键来锁定量角器平面，按下后，第二个角点则只能绘制到锁定的平面上。同样，用户也可以在绘制过程中按住Shift键来对轴线进行锁定，方便绘图。

○ 矩形工具除了用于绘制矩形外，还可以用来分割平面和封面，对已经存在平面使用矩形工具，可将其进行面的分割；对闭合的线使用矩形工具，可将其进行补充封面。

○ 当需要绘制空间中的矩形时，使用旋转矩形工具，并结合周边参照平面使用，会更加方便。

1.2.3 圆与多边形

圆工具 ⊙ ，可以通过指定圆心和半径绘制圆形；多边形工具 ⊙ ，可以通过设定边数并指定中心点和边缘点的方式绘制多边形。

1.2.3.1 圆

单击大工具集中的圆工具图标 ⊙ ，或按快捷键C可执行该命令，之后单击指定圆心，移动鼠标至所需位置单击指定半径即可完成绘制。

（1）绘制精确圆

在绘制圆时，可以在指定圆心后，输入精确的半径数值来绘制圆形。在SketchUp中，圆和圆弧都是由一定数量的线段组成，圆形默认是由24条线段组成，用户在绘制过程中也可以指定线段边数来控制圆的圆滑程度，例如需要绘制48条边数的圆，则输入48s。

（2）利用捕捉绘制圆

在绘制圆时，可以将鼠标移动至所需绘制平面，当出现"在平面上"的文字提示时，如图1-31所示，按住Shift键，将鼠标移出平面，此时提示"限制在平面"，即可绘制与该平面角度坐标一致的圆形，如图1-32所示。

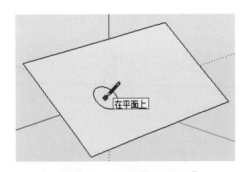

图1-31 捕捉"在平面上"

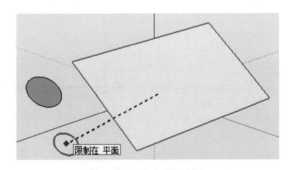

图1-32 锁定平面角度

示例1-1 使用"圆"工具绘制圆形、多边形并改变边数

① 按快捷键C切换至圆工具，单击一点指定为圆心，输入"48s"并按回车键确认，指定圆的边数，之后再输入"2000"并按回车键确认，指定圆的半径为2000，绘制如图1-33所示的圆形。

② 继续使用圆工具，在绘制的圆形边线位置稍作停留后，移动至圆心可提示捕捉"中心"，此时单击指定圆心为下一个圆的中心点，输入"1500"并回车确认为半径，如图1-34所示，之后直接输入"3s"并回车，指定该圆的边数为3，即可绘制如图1-35所示的三角形。

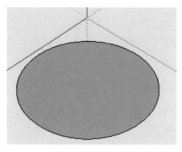

图1-33 绘制圆

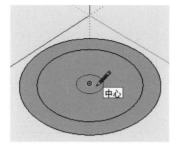

图1-34 捕捉中心绘制

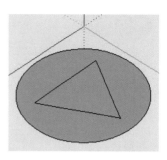

图1-35 修改边数为三角形

③ 按空格键结束"圆"命令，并切换至"选择"工具，单击选择三角形的边线，如图1-36所示，在右侧的默认面板中点选"图元信息"，打开面板，如图1-37所示。在面板中可以看到该圆形的图元信息，如图层、半径、段等，用户可以在面板中对其进行修改，例如将半径改为"1000mm"，段改为"6"，即可将圆形修改为半径为1000的六边形圆，如图1-38所示。

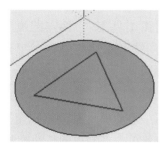

图1-36 选择边线

图1-37 "图元信息"面板

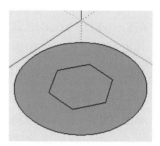

图1-38 修改后效果

1.2.3.2 多边形

单击大工具集中的多边形工具图标 ⬡ ，在绘图区单击指定多边形的中心点，移动鼠标至所需位置单击指定多边形半径，即可完成绘制。

多边形工具默认为6边形，用户可在激活工具后输入所需边数，例如"8s"，即可绘制8边形，也可以通过快捷键【Ctrl++】来快速增加边数，【Ctrl+-】来快速减少边数。

在指定多边形中心点后，用户也可以通过输入半径数值，来实现精确绘制。与圆工具相似，结合Shift键可锁定平面角度坐标进行绘制。在绘制多边形过程中，用户还可以控制绘制的多边形是内切于圆还是外切于圆，默认绘制为内切，如图1-39（a）所示，按一下Ctrl键后再绘制为外切，如图1-39（b）所示。

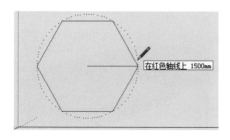

（a）多边形内切于圆

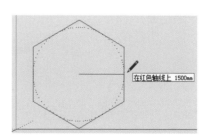

（b）多边形外切于圆

图1-39 多边形与圆相切

○ 在绘制圆形时，边线数越多，绘制的圆形越精确圆滑，但较多的线段数会占用更多的系统资源，随着模型的增大，会使软件变得卡顿，用户需根据实际需要来确定圆的边线数，并非越多越好。

○ 使用"选择"工具，单击选择绘制的圆形面，并按下 Delete 键将面删除，可得到圆形边线。

○ 在已经存在的平面上绘制圆形或多边形时，可自动对面进行圆形或多边形的分割；对于闭合的圆形线或多边形线，可使用"直线"工具在其边线任意两个端点绘制，即可实现封面，这对于从 AutoCAD 中导入的圆形线封面进行操作时非常实用。

1.2.4　圆弧与手绘线

在 SketchUp 2018 中有多种方法可以绘制圆弧，包括圆弧工具 、两点圆弧工具 、3 点画弧工具 和扇形工具 ，用户可根据实际绘图需要来进行选择；手绘线工具 ，用于绘制不规则的自由线段，类似手绘线条的效果。

1.2.4.1　圆弧

单击大工具集中的圆弧工具 ，任意位置单击指定圆弧中心点，并移动鼠标至第一个圆弧点单击，之后拖动鼠标绘制圆弧，在第二个圆弧点的位置单击，完成圆弧的绘制。

（1）绘制精确圆弧

在绘制圆弧时，单击确定圆弧的中心点后，可输入半径数值来控制第一个圆弧点的位置，然后再输入角度来控制第二个圆弧点的位置。

（2）利用捕捉绘制圆弧

在指定圆弧中心点和第一个圆弧点后，拖动鼠标，当捕捉提示"四分之一圆"时，可单击绘制四分之一圆的圆弧，如图 1-40 所示。同样的方式，也可捕捉并绘制"半圆""四分之三圆"和"完整圆"。

利用 Shift 键的锁定功能，还可以控制圆弧的绘制方向，使用方法与"圆"工具相同，如图 1-41 所示。

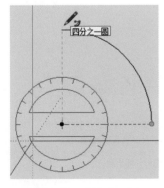

图 1-40　四分之一圆

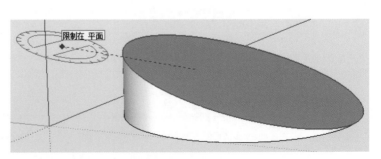

图 1-41　锁定平面角度

1.2.4.2　两点圆弧

单击大工具集中的两点圆弧工具图标 ⬭，或按快捷键A可执行该命令，之后在绘图区单击指定圆弧起始点，移动鼠标并再次单击指定圆弧终点，然后移动鼠标单击确定弧高距离，即可完成两点圆弧的绘制。

绘制精确两点圆弧时，方法与之前圆弧工具相似，分别输入圆弧点距离和弧高即可。绘图过程中利用捕捉，可绘制半圆圆弧，也可结合Shift键锁定平面角度绘制。

当结束一段圆弧的绘制后，可单击其结束点作为下一段圆弧的起点，然后移动鼠标，当弧线变为浅蓝色显示时，表示与上一段弧线形成相切关系，如图1-42所示，此时双击鼠标即可创建与上段圆弧正切的圆弧。

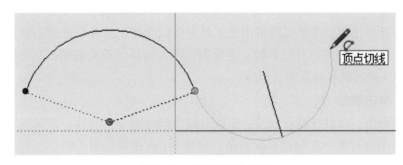

图1-42　正切圆弧的绘制

1.2.4.3　3点画弧

单击大工具集中的3点画弧工具 ⬭，单击指定圆弧第一点，移动鼠标至第二个圆弧点并单击，之后再拖动鼠标单击第三个圆弧点来确定圆弧终点，完成绘制。用户仍可以使用数值输入的方法绘制精确的圆弧，且可利用捕捉绘制四分之一圆、半圆等，具体方法可参考之前1.2.4.1讲述的工具。

1.2.4.4　扇形

扇形工具用于绘制闭合的圆弧，它的使用方法与圆弧工具一样，通过大工具集中的扇形工具 ⬭，单击指定扇形中心点，之后移动鼠标并单击指定扇形的起点和终点，即可完成绘制。

1.2.4.5　手绘线

使用大工具集中的手绘线工具 ⬭，单击并拖动鼠标即可进行手绘线的绘制，手绘线首尾相接时可形成闭合的平面。

> **技巧提示**
>
> ○ 在已绘制的圆弧上右击可弹出快捷菜单，选择其中的"拆分"，可将弧线等分为所需要的段数；选择"分解曲线"，可将弧线按照它本身的组成段数进行分解。
>
> ○ 在使用圆弧工具绘制圆弧时，可在激活工具后直接输入所绘圆弧的段数，如需要绘制由18条边数组成的圆弧，则输入"18s"。

1.3 编辑工具

SketchUp 2018中的编辑工具有选择、移动、推拉、旋转、路径跟随、缩放和偏移，这些工具可以对已经绘制好的线或面进行相关的编辑操作。通过绘图工具和编辑工具的组合使用，可以完成绝大多数模型的创建和修改工作，如图1-43所示。

图1-43 编辑工具值

1.3.1 选择

在SketchUp 2018中，选择工具是最为重要和常用的工具之一，主要用于在执行编辑命令时，对物体进行选择。用户可以单击大工具集中的选择工具 ▶，或按空格键来执行选择工具。选择工具的使用方式有很多种，主要包括单击选择、双击选择、三击选择、窗口选择、交叉选择、全部选择和取消选择等。

1.3.1.1 单击选择

通过鼠标单击，可以选择点、线、面或群组、组件等单个实体，使用时直接在所需选择的实体上单击即可选中，如图1-44所示。当按下Ctrl键进行单击时，执行加选；同时按下Ctrl和Shift键时，执行减选；只按下Shift键单击，可在加选和减选之间切换。

1.3.1.2 双击选择

通过鼠标双击，可以选择双击面和其相邻的边线，或选择双击线和其相连的面，使用时直接在所需实体双击即可，如图1-45所示。

1.3.1.3 三击选择

通过鼠标三击，可以选择当前对象的全部线和面，但当群组或组件与其相连时，并不会被选中，使用时直接对所需实体连续点击鼠标三次即可，如图1-46所示。

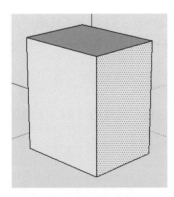

图1-44 单击选择

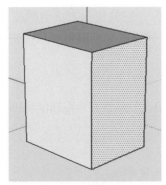

图1-45 双击选择

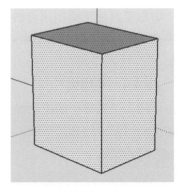

图1-46 三击选择

1.3.1.4 窗口选择

使用鼠标单击，并从左向右进行拖动，可出现矩形实线选框，松开鼠标后，即可对选框内的对象进行选择。只有全部在选框内的对象才能被选中，只有一部分在选框内的对象则不会被选中，如图1-47所示。

1.3.1.5　交叉选择

使用鼠标单击，并从右向左进行拖动，可出现矩形虚线选框，松开鼠标后，即可对选框经过的对象进行选择。只要全部或部分对象在虚线框内，即可被选中，如图1-48所示。

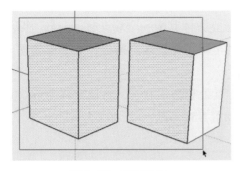

图1-47　窗口选择

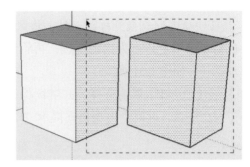

图1-48　交叉选择

1.3.1.6　全部选择和取消选择

按下快捷键【Ctrl+A】，可对窗口中的全部对象进行选择，当需要取消选择时，按快捷键【Ctrl+T】，或在绘图区的任意空白区域单击即可。

1.3.1.7　右击使用快捷菜单进行选择

在所需选择的对象上右击，可弹出快捷菜单，将鼠标移动至"选择"，可出现选择子菜单，用户可以在其列表中选择需要的"选择"方式，有"边界边线""连接的平面""连接的所有项""在同一图层的所有项"等，如图1-49所示。

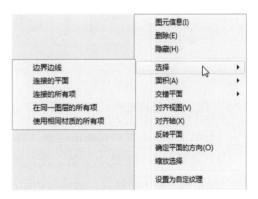

图1-49　"选择"快捷菜单

> **技巧提示**
>
> ○ 用户可以养成在使用完其它工具后，随手按一下空格键的习惯，可在退出当前工具的同时，快速切换至选择工具，方便实用。
>
> ○ 当需要将选择的对象进行删除时，按下键盘上的Delete键即可。

1.3.2　移动

移动工具，可以用来移动、复制、阵列、拉伸和旋转所选对象，用户可以单击大工具集中的移动工具图标 ❖ ，或按快捷键M来使用该工具。

1.3.2.1　移动工具的使用方式

用户既可以先选择对象，再执行移动工具，也可以先激活移动工具，再选择对象来执行。当需要移动多个对象时，可先使用选择工具对所需对象进行加选选择后，再移动即可。在移动过程中，可根据自动捕捉或按住Shift键捕捉，进行沿轴线的移动，或捕捉其它对象的关键点，进行捕捉移动。还可以在移动过程中，输入移动的距离数值，来进行精确移动。

示例1-2 移动工具的使用方式

① 将鼠标移动至远处的立方体上三击可进行全部选择（或窗口选择），如图1-50所示。

② 按快捷键M切换到移动工具，将鼠标移动至立方体其中一个端点时，会自动提示捕捉，此时单击指定该点为移动基点，再将鼠标移动至所需位置端点捕捉，并单击放置，完成移动操作，如图1-51所示。

③ 按【Ctrl+T】取消选择，并继续保持移动工具处于激活状态，将鼠标移动至立方体的其中一个端点，此时会出现捕捉提示"端点"，如图1-52所示。

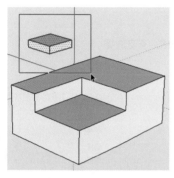
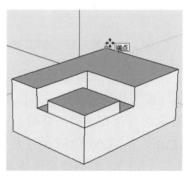

图1-50 选择对象　　　　图1-51 捕捉端点并完成移动　　　　图1-52 捕捉端点

④ 单击并拖动鼠标到所需位置，再次单击放置，可移动该端点，如图1-53所示。

⑤ 将鼠标移动至其中一条边线，当其变为蓝色高亮显示时，可单击并沿捕捉的红色轴线，拖动鼠标到所需位置，完成对该边线的移动操作，如图1-54所示。

⑥ 将鼠标移动至其中一个平面时，该面会显示为选定状态，单击并拖动鼠标，捕捉沿蓝轴方向移动，如图1-55所示。

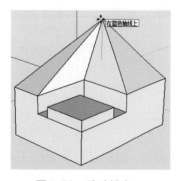
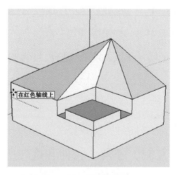
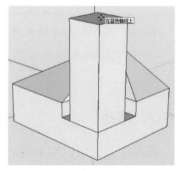

图1-53 移动端点　　　　图1-54 移动边线　　　　图1-55 移动平面

1.3.2.2 使用移动工具进行复制和阵列

当选择对象并进行移动时，可按一下Ctrl键，光标会显示为 ，此时单击并拖动对象，会执行复制命令。在完成第一个对象复制后，输入数字的倍数，可进行阵列复制，例如需要阵列复制6份，则输入6x。

使用"移动"工具进行对象复制

① 选择所需复制的对象，按快捷键M切换至移动工具，按一下Ctrl键，之后单击对象其中一个端点并沿红轴移动，输入数值，例如1500并回车，完成第一个对象的复制，如图1-56所示。

② 在完成第一个对象复制后，不需要执行任何操作，直接输入6x后回车，即可完成总数为6份的沿红轴阵列复制，如图1-57所示。

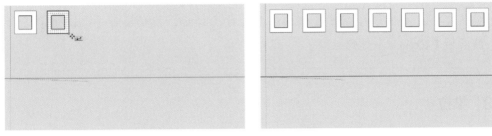

图1-56　完成复制　　　　　　　　图1-57　完成6份阵列复制

③ 按下【Ctrl+A】，将阵列复制的对象全部选择，再次按Ctrl键，执行复制，单击选择复制的起点，然后沿绿轴方向输入数值，例如4000并回车，完成复制，如图1-58所示。

④ 复制完成后直接输入3/，即可在之前复制的距离内，进行3份等分的阵列复制，完成效果如图1-59所示。

图1-58　沿绿轴复制　　　　　　　图1-59　完成3份等分阵列复制

1.3.2.3　使用移动工具进行拉伸和旋转

（1）拉伸

当使用移动工具对几何形体中的元素进行移动时，几何形体的其余部分会相应地进行拉伸，此方式可用于物体上的点、线或面的移动，如图1-60所示为对立方体边线进行移动后所形成的坡屋顶效果。

（2）旋转

当选择的对象为群组或组件时，切换到移动工具后，对象的平面会有 + 符号显示，当鼠标靠近

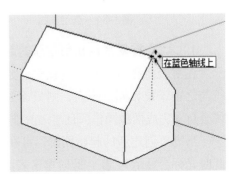

图1-60　拉伸边线

时，光标会变成量角器的样式，此时单击并拖动，即可完成对物体的旋转。用户还可以输入角度数值，来进行精确旋转。

1.3.3　推拉

推拉工具，用于对表面进行推拉来调整三维模型，还可以进行移动、挤压、减去等模型操作，是SketchUp 2018中最常使用的建模工具之一。用户可以在大工具集中选择"推 / 拉"工具 ♦ ，或按快捷键P来执行。

1.3.3.1　推拉工具的使用方式

用户可以先激活推拉工具，再选择要推拉的表面，也可以先选择要推拉的对象，再激活工具，两种方法的执行方式类似。例如，可先按快捷键P切换到推拉工具，将鼠标移动至需要推拉的表面，会显示为选定状态，如图1-61所示，单击并拖动对象即可进行推拉操作，如图1-62所示，也可在推拉过程中输入所需数值来进行精确推拉。

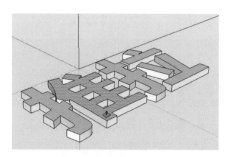
图1-61　选定表面

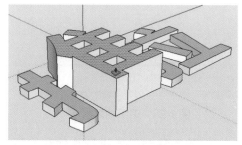
图1-62　完成推拉

1.3.3.2　重复推拉和创建新的起始面

在对表面进行推拉的过程中，如果需要对下一个对象执行与之前推拉相同的距离，则只需要在其表面双击即可，系统会自动完成推拉操作，且与之前推拉距离相同。

当需要创建新的起始面时，可在推拉前，按一下Ctrl键，此时光标会显示为 ♦ ，此时单击表面并拖动，即可创建新的起始面，如图1-63所示为普通推拉和创建新的起始面推拉所

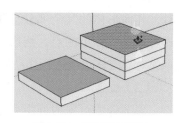
图1-63　不同效果对比

产生的不同效果。

1.3.3.3 利用捕捉进行推拉、减去和挖空

在推拉过程中，用户可以将鼠标靠近需要捕捉的点、线或面，并在其出现捕捉提示时单击，即可依照显示的捕捉内容进行推拉操作，如图1-64所示。用户还可以根据需要，使用绘图工具对平面进行划分，并对划分的平面进行推拉，产生从模型中减去或对模型挖空的效果，如图1-65所示。

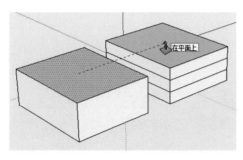

图1-64　依照捕捉推拉

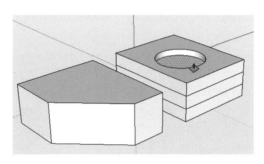

图1-65　减去与挖空

1.3.3.4 拉伸连接的平面

在选定所需对象后，用户可以按住Alt键进行推拉，此时会产生拉伸变形的效果，如图1-66所示为普通推拉的效果，图1-67为拉伸变形的效果。

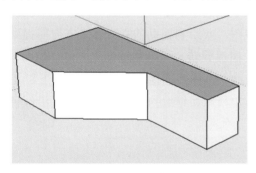

图1-66　普通推拉

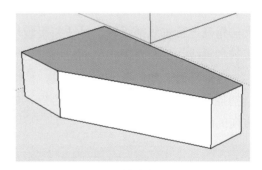

图1-67　拉伸变形

技巧提示

○ 推拉工具只可以对平面进行操作，对于曲面无法进行推拉。

○ 合理地使用推拉工具的各种技巧，结合绘图工具划分平面，并结合减去、挖空等操作，可以创建多样复杂的三维模型，在园林景观设计初期方案体块推敲时非常实用。

○ 在SketchUp的线框模式下无法显示表面，因此推拉工具在此模式下无效。

1.3.4　旋转

旋转工具，可以对选择的对象或对象中的元素，进行旋转、复制、拉伸或扭曲等操作，用户可以选择大工具集中的旋转工具 ⟳ ，或按快捷键Q来执行。旋转工具在使用时，可以

先选择对象再激活工具使用，也可以先激活工具，再选择对象进行操作。

1.3.4.1　旋转对象

使用选择工具，对所需旋转的对象全部选定，然后激活旋转工具，当光标显示为量角器图形时，可单击任意点作为旋转中心点，如图1-68所示。之后移动鼠标到合适位置单击，确定旋转起始线，如图1-69所示，移动鼠标至所需的旋转角度，单击确认，或输入精确的数值角度，按回车键确认，即可完成对象的旋转操作，如图1-70所示。用户也可以先激活旋转工具，再选择对象同样可以完成操作。

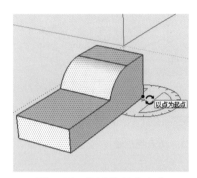　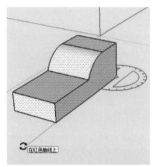　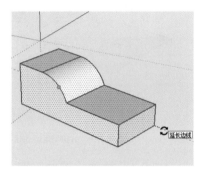

图1-68　指定旋转中心点　　图1-69　指定旋转起始线　　图1-70　完成旋转

1.3.4.2　旋转捕捉的技巧

在对对象进行旋转时，可以利用捕捉工具，捕捉不同的轴线进行物体在空间中的旋转。当无法精确进行轴线捕捉时，可适当旋转切换视图，或绘制辅助的立方体来方便捕捉到所需旋转的轴线。例如对图中平面进行红色轴线的捕捉旋转，可绘制辅助立方体，如图1-71所示，选择平面，然后激活旋转工具，移动至辅助立方体并捕捉红色轴方向，按下Shift键进行捕捉锁定，并单击确定旋转中心点，如图1-72所示，继续执行旋转即可完成沿红色轴线方向的旋转，如图1-73所示。

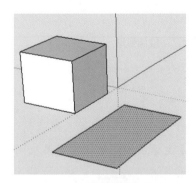　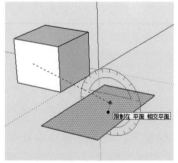　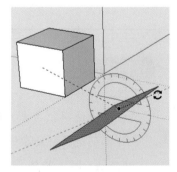

图1-71　绘制辅助立方体　　图1-72　锁定红轴　　图1-73　完成旋转

1.3.4.3　旋转复制和环形阵列

当选择对象并进行旋转时，可按一下Ctrl键，光标会显示为 ⟳ ，此时单击指定中心点和旋转线后移动，会执行旋转复制命令。在完成第一个对象复制后，输入数字的倍数，可进行环形阵列复制，例如需要旋转阵列复制4份，则输入4x。

① 选择所需旋转复制的对象，按快捷键Q切换至旋转工具，按一下Ctrl键，当光标显示为 **C.** 之后，捕捉并单击圆心作为旋转复制的中心点，如图1-74所示。

② 沿向左的红色轴线进行捕捉，并单击指定旋转起始线，将鼠标向上移动并输入旋转复制的精确角度数值36，并按回车键确认，完成第一个对象的旋转复制，如图1-75所示。

③ 完成第一个对象的旋转复制后，不需要任何操作，直接按下所需环形阵列的数值倍数，例如输入5x，即可完成该对象总计5份的旋转复制，如图1-76所示。

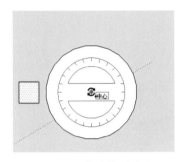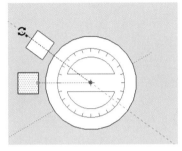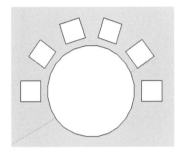

图1-74　指定旋转中心　　　图1-75　旋转复制一个对象　　　图1-76　环形阵列完成

1.3.4.4　旋转扭曲

对物体中的线或面进行旋转，会产生扭曲变形的效果，使用时，选择需要被扭曲的线或面，然后使用旋转工具，指定中心点和旋转线进行旋转，即可完成变形的效果，如图1-77显示为正常情况下的对象，图1-78所示为对其中一个面进行旋转扭曲后的效果。

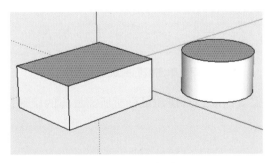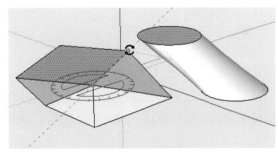

图1-77　旋转扭曲前　　　　　　　图1-78　旋转扭曲后

技巧提示

○ 在对非群组或组件的模型进行旋转时，必须先全部选择对象再激活命令才能执行，如果先激活命令，则只能选择模型中的线或面进行旋转扭曲。对于多个模型物体的旋转，也同样需要先对物体进行选择再激活旋转工具。

○ 使用旋转工具进行环形阵列时，在旋转复制完成第一个对象后，也可以在原对象和复制对象之间创建等分阵列，如需要5等分，则输入5/即可。

1.3.5 路径跟随

路径跟随工具，可以将已知面沿特定路径进行放样，并形成三维模型，在添加模型细节时非常有用。用户可以选择大工具集中的路径跟随工具 🐚 来使用。

1.3.5.1 路径跟随工具的使用方式

用户可以先选择特定的路径，如图1-79所示，然后激活路径跟随工具并在需要的面上单击，即可自动完成路径跟随，如图1-80所示。用户也可以选择特定的面来代替路径，如图1-81所示，激活路径跟随工具并在所需面上单击，完成自动路径跟随，如图1-82所示。

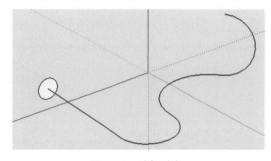

图1-79　选择路径

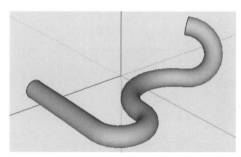

图1-80　完成自动路径跟随

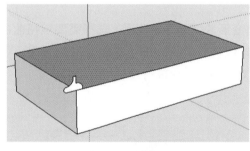

图1-81　选择面

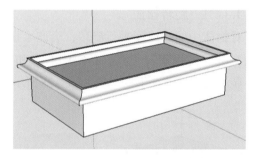

图1-82　单击截面完成路径跟随

用户还可以先激活路径跟随工具，然后单击需要的面，再拖动鼠标至所需放样的位置，即可手动完成路径跟随，如图1-83和图1-84所示。

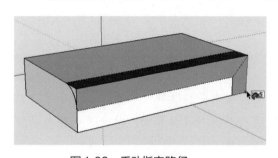

图1-83　手动指定路径

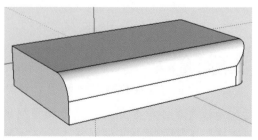

图1-84　完成手动路径跟随

1.3.5.2 路径跟随工具绘制特殊几何体

根据路径跟随具的使用特点，结合不同的路径和截面，可完成各种特殊的几何形体的创建，如图1-85～图1-87所示。

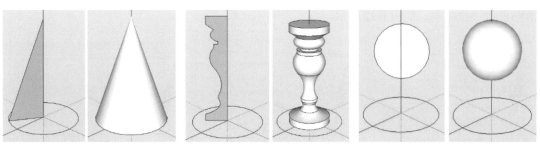

图1-85　创建圆锥体　　　　图1-86　创建欧式柱体　　　　图1-87　创建球体

1.3.6　缩放

缩放工具，可以用来对模型中的对象进行大小的缩放或拉伸等，用户可以选择大工具集中的缩放工具 ▣ ，或按快捷键S来执行。

1.3.6.1　缩放工具的使用方式

用户可以先选择需要缩放的对象，然后激活缩放工具，此时，对象会自动出现很多绿色的控制点，将鼠标移动至所需缩放的控制点后，该点会显示为红色，如图1-88所示，此时单击并拖动鼠标即可实现对物体的缩放，如图1-89所示。

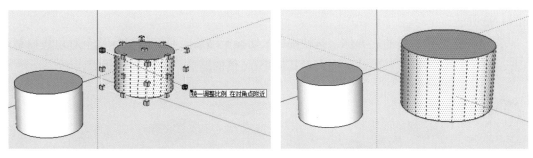

图1-88　选择缩放控制点　　　　　　　图1-89　完成缩放

用户也可以先激活缩放工具，然后将鼠标移动至所需缩放的对象上单击，同样可对物体进行缩放操作。

1.3.6.2　使用不同控制点进行等比或非等比缩放

在使用缩放工具时，被选择的物体上会出现多个控制点，对不同的控制点进行选择并拖动，会形成不同的缩放效果。拖动对角线控制点，可对物体进行等比缩放，如图1-90所示；拖动边线上的控制点，可进行非等比缩放，如图1-91所示；拖动表面上的控制点，可沿轴进行推拉缩放，如图1-92所示。

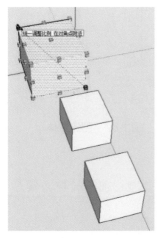

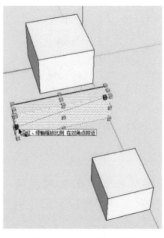

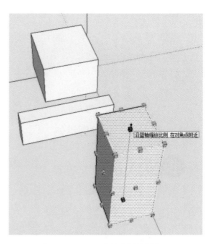

图1-90　等比缩放　　　　　图1-91　非等比缩放　　　　　图1-92　沿轴推拉缩放

1.3.6.3　精确缩放对象

在进行缩放的过程中，可以通过在数值框输入的方式来对物体进行精确的缩放。用户既可以输入数值来按照倍数进行缩放，又可以同时输入数值和单位，来按照尺寸进行缩放。例如需要对物体进行等比放大一倍时，在等比缩放后输入2并回车确定即可；如果需要缩小到原来的一半，则输入0.5并回车确认。

示例1-5　对立方体进行等比及非等比精确缩放

① 按快捷键R切换至矩形工具，单击任意点并输入100、100，完成正方形绘制。按快捷键P对正方形进行拖拉并输入100，创建正立方体。全部选择立方体，并按快捷键M切换到移动工具，按Ctrl键并拖动放置复制的立方体，然后输入2x，完成立方体的阵列复制，如图1-93所示。

② 全部选择最右侧的立方体，按快捷键S切换至缩放工具，将鼠标移至对角线控制点单击，输入0.6后按回车键确认，完成对其缩小0.6倍的缩放，如图1-94所示。

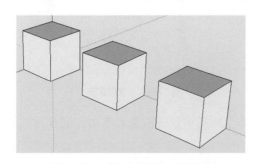

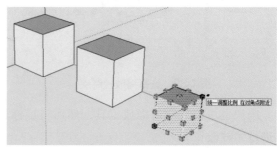

图1-93　对立方体进行阵列复制　　　　　图1-94　完成0.6倍缩放

③ 选择左侧的立方体，按快捷键S激活缩放工具，单击边线上的控制点并输入200mm、150mm并回车确认，将立方体缩放至长200mm、宽150mm，高度保持不变，如图1-95所示。

④ 选择中间的立方体，按快捷键S激活缩放工具，单击顶部表面上的控制点并向上拖动，输入2按回车键确认，将立方体向上拖拉一倍的距离，如图1-96所示。

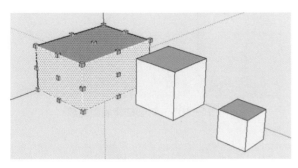

图1-95　按数值尺寸精确缩放

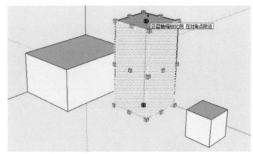

图1-96　按倍数拖拉缩放

1.3.6.4　使用组合快捷键进行缩放

（1）Ctrl键——控制中心缩放

在对物体进行缩放时，无论是等比缩放还是非等比缩放，都是以所选控制点的对角点为基点来进行的。在某些情况下，需要以物体的空间中心点为基点进行缩放，可以在进行控制点拖动时按住Ctrl键，此时，控制点会变为物体的中心点，如图1-97所示，输入或选择所需的缩放比例即可完成，如图1-98所示。

（2）Shift键——切换等比/非等比缩放

在对物体进行非等比缩放时，可按住Shift键，即可快速切换至等比缩放；同样，当对物体进行等比缩放时，可按住Shift键，快速切换到非等比缩放。

（3）Ctrl+Shift键——切换等比/非等比的中心缩放

使用该组合键，可在等比中心缩放和非等比中心缩放之间切换，如图1-99所示为等比状态下的中心缩放。

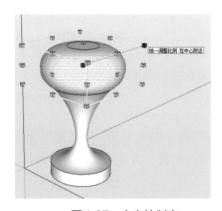

图1-97　中心控制点

图1-98　中心点等比缩放

图1-99　组合键使用效果

1.3.6.5　缩放二维表面

当对模型实体中的某一表面进行缩放时，可对连在一起的边线和其它表面产生影响，形成拉伸变形的效果，常常需要结合Ctrl和Shift键使用，如图1-100和图1-101所示。

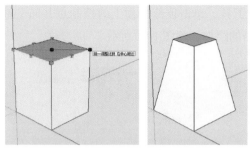
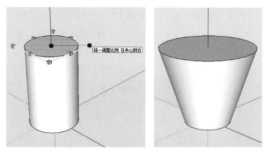

图1-100　对立方体表面缩放　　　　　　　图1-101　对圆柱体表面缩放

1.3.7　偏移

偏移工具，可以创建与原对象距离相等的对象副本，形成偏移并复制的效果，用户可以选择大工具集中的偏移工具 ，或按快捷键F来执行。

1.3.7.1　对线和面的偏移

对于两条或两条以上连接在一起且共面的线，可以执行偏移命令。使用选择工具，将需要偏移的线全部选中，之后选择偏移工具，单击对象并拖动至所需位置即可，如图1-102所示，在拖动过程中也可以输入距离数值来控制精确偏移。

对于平面同样可以执行偏移命令，选择所需偏移的平面，使用偏移工具单击并拖动，即可创建该面所有连接边线的偏移线，并自动划分平面，如图1-103所示。

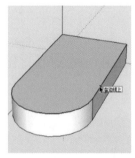
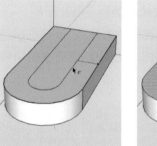
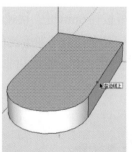
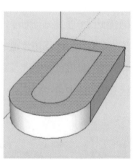

图1-102　对线的偏移　　　　　　　　　　图1-103　对面的偏移

1.3.7.2　重复偏移和捕捉偏移

当需要重复偏移之前的偏移距离时，可在选择对象后切换至偏移工具，在所需对象上双击即可。在偏移拖动过程中，用户还可以对周围的对象进行捕捉，并按照捕捉进行偏移。

> **技巧提示**
>
> ○ 偏移工具只能对平面执行，曲面、弧面无法进行偏移。
>
> ○ 当没有选择任何对象，而是直接激活偏移工具后，可将鼠标移动至所需偏移的对象，光标会自动选择平面或弧线，并可进行偏移，但无法对两条或两条以上的线进行偏移。
>
> ○ 偏移出来的曲线，无法使用"图元信息"对属性进行编辑。

1.3.8 擦除

擦除工具，可以对模型中的点、线、面等对象执行删除、柔化或隐藏等操作，用户可以单击大工具集中的擦除工具 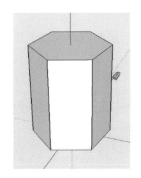，或按快捷键E来执行。

1.3.8.1 删除对象

当需要对模型中的对象进行删除操作时，可先激活擦除工具，然后将鼠标移动至所需删除的对象单击即可。如果需要删除多个对象，可在对象单击后保持鼠标按下，并拖动，使光标经过所需全部删除的对象使其变为蓝色高亮显示，完成后松开鼠标即可删除，如图1-104所示。

1.3.8.2 柔化对象

在使用擦除工具进行删除对象时，可按下Ctrl键，此时进行擦除将不会删除对象，而是将对象进行柔化和平滑，如图1-105所示，柔化后的对象将变为不可见，用户可以通过勾选菜单栏"视图"—"隐藏物体"将其以虚线形式显示，如图1-106所示，并通过右击，在快捷菜单选择"取消柔化"来返回到柔化前的效果。

 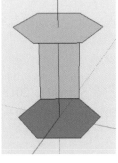 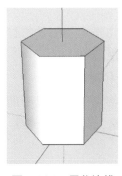 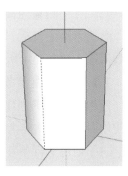

图1-104　删除边线　　　　图1-105　柔化边线　　　图1-106　虚显边线

1.3.8.3 隐藏对象

在使用擦除工具进行删除对象时，可按下Shift键，此时将变为隐藏对象，被擦除的对象将变为不可见，当需要将其显示时，可通过勾选菜单栏"视图"—"隐藏物体"将其以虚线形式显示，此时右击虚线显示的对象，在快捷菜单中选择"撤销隐藏"即可。

技巧提示

○ 擦除工具的主要使用对象为边线，对于面的删除和隐藏无法使用擦除工具，用户可以对面进行选择，并按下键盘上的Delete键进行删除，或在面上右击鼠标，在弹出的快捷菜单中可选择"删除"或"隐藏"。

○ 当视图中有大量需要删除的对象时，擦除工具往往并不实用，更好的做法是通过选择工具结合Delete键，来对选择的对象进行删除。

○ 按下Ctrl键可柔化边线，同时按下Ctrl键和Shift键则可快速取消边线的柔化效果。

1.4 建筑施工工具（辅助工具）

建筑施工工具，也可以称为辅助工具，主要包括卷尺、尺寸、量角器、文字、轴和三维文字，这些都可以作为辅助表达工具，让模型图纸的内容更加丰富清晰，同时，可将模型图纸的深度提升并细化到施工阶段。在大工具集中默认有该工具组，如图1-107所示。用户还可以通过菜单栏"视图"—"工具栏"，勾选其中的"建筑施工"来打开该工具条。

图1-107 建筑施工工具组

1.4.1 卷尺工具

卷尺工具，主要用于测量距离、创建参考线和模型全局缩放等，用户可以通过使用大工具集中的卷尺工具 ✏，或按快捷键T来执行。

1.4.1.1 测量距离

激活卷尺工具后，单击指定要测量的起始点，之后移动鼠标至测量终点并单击，即可在数值输入框中显示所测距离的数值。

1.4.1.2 创建参考线和辅助点

使用卷尺工具创建的参考线，可以帮助用户在SketchUp 2018中进行更加精确的建模，在使用时，可单击参考元素，并拖出参考线，再次单击即可完成创建。

（1）创建平行参考线

使用卷尺工具，在所需创建的平行参考线的参考边线上任意一点单击，即可拖动出参考线，再次单击或输入距离数值，即可完成创建，如图1-108所示，创建的参考线与参考边线平行。

（2）创建延伸参考线和参考点

使用卷尺工具，在所需创建的延伸参考线对象端点单击，即可拖动出参考线，再次单击或输入距离数值，可创建沿此端点延伸的参考线，并在端点位置创建参考点，如图1-109所示。

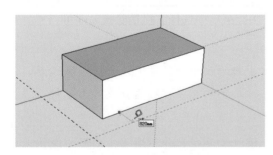

图1-108 创建平行参考线

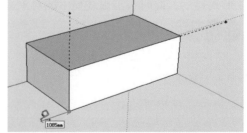

图1-109 创建延伸参考线和参考点

（3）管理参考线和参考点

当需要对创建的参考线或参考点进行删除时，可使用擦除工具进行删除，也可以单击选择参考线按Delete键，或结合菜单栏中的"编辑"—"删除参考线"，对参考线进行全部删除。

当需要对创建的参考线或参考点进行隐藏时，可选择参考线右击，在弹出的快捷菜单中选择"隐藏"，用户还可以通过菜单栏"编辑"—"取消隐藏"将其再次显示。

1.4.1.3 模型全局缩放

使用卷尺工具，可以通过模型中两点间的距离，来对模型的全局比例进行调整。使用时，可依次单击两个端点，数值输入框会显示两点间的实际距离，此时直接输入所要调整的新的距离数值，即可将定义的距离应用于全部模型。

1.4.2 量角器

量角器工具，主要用于测量角度和创建具有角度的参考线，用户可以通过单击大工具集中的量角器工具 来执行。

1.4.2.1 测量角度

激活工具后，单击所需测量角度对象的顶点，如图1-110所示，并移动鼠标与所测角度起始边对齐，单击"确定"，如图1-111所示。再次移动鼠标至对象另一边线对齐，单击"确定"，即可完成角度测量，如图1-112所示，测量的数值会显示在数值对话框中。

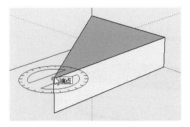
图1-110　选择端点

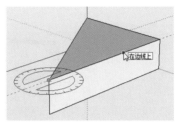
图1-111　选择边线

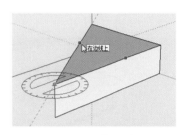
图1-112　完成测量

1.4.2.2 创建角度参考线

创建角度参考线的方法跟测量角度的方式相同，用户还可以在指定起始线后，输入角度数值，来创建精确角度的参考线。在创建过程中，还可结合Shift键来锁定平面，方便绘图。

1.4.3 轴

轴工具，用于移动坐标轴或重新设定坐标轴的方向，用户可以单击大工具集中的轴工具 来执行。在激活工具后，可将鼠标移动到任意位置单击，确定轴的原点坐标，再次移动鼠标单击，确定第一条轴红轴的位置，再次移动并确定第二条轴绿轴的位置，即可完成。依照以上方法，用户还可以重新定义坐标轴，使其与模型对象形成对应关系，如图1-113所示。

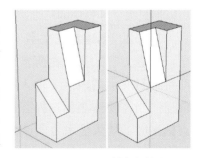
图1-113　重新定义轴线

1.4.4 尺寸

尺寸工具，用于对视图中的对象进行尺寸标注，用户可以通过单击大工具集中的尺寸

工具 ✂ 来执行。

1.4.4.1 标注尺寸

激活工具后，可将鼠标移动至所需标注尺寸的起始端点单击，再次移动鼠标至终点单击，此时沿轴拖动鼠标并确认其位置，即可完成标注。激活工具后，还可以直接捕捉边线，并单击，可直接标注边线的距离。对于圆或圆弧，可在激活工具后，将鼠标移动至圆边线捕捉单击，即可标注圆的直径，也可右击尺寸，选择"类型"—"半径"来更改为半径标注。如图1-114所示为直线和圆的尺寸标注。

1.4.4.2 尺寸标注的编辑

尺寸标注完成后，在默认设置下，用户即使切换视角或放大缩小视图，尺寸都会自动与屏幕适应并显示，如图1-115所示。

当用户需要对标注的尺寸数值进行修改时，可使用选择工具对尺寸数值进行双击，即可输入新的数值。还可以右击尺寸标注，在弹出的快捷菜单中进行更多编辑。

用户还可以通过菜单栏"窗口"—"模型信息"—"尺寸"，对尺寸标注的文字大小、引线样式、对齐方式及其它有关尺寸的选项进行设置。

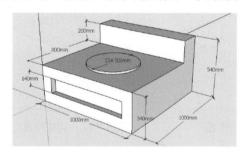

图1-114　标注尺寸

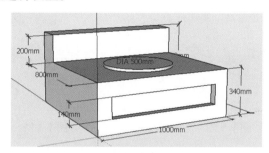

图1-115　视图切换后的尺寸自适应

1.4.5　文字和三维文字

文字工具，用于在绘图区放置文字或对模型物体进行文字标注，用户可以通过单击大工具集中的文字工具 凹 来执行。三维文字工具，用于在绘图区创建平面或三维文字，用户可以通过大工具集中的三维文字工具 ▲ 来执行。

1.4.5.1 创建标注文字

激活文字工具，在所需创建文字标注的物体上单击，拖动引线放置到合适位置，即可进行文字的输入。输入完成后，在输入框外空白位置单击，即可完成标注文字的创建。当在物体表面选择并标注文字时，系统会默认标注该表面的面积；当在物体端点标注时，默认显示为该点的坐标；当在物体边线标注时，默认显示为该线段的长度，如图1-116所示。

1.4.5.2 创建屏幕文字

激活文字工具，在屏幕任意空白位置单击，即可出现文字输入框。输入完成后，在输入框外空白位置单击，完成屏幕文字创建，如图1-117所示。屏幕文字在视图中的位置是固定的，不会因视图旋转等操作而改变位置。

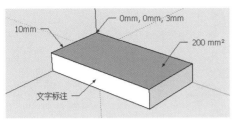

图1-116　标注文字

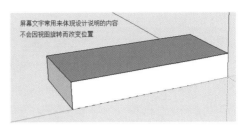

图1-117　屏幕文字

1.4.5.3　标注文字和屏幕文字的编辑修改

对已经创建的标注文字和屏幕文字，用户可以通过文字工具和模型信息设置等，进行方便的编辑修改，包括文字的内容修改、移动、删除、样式调整等。

（1）文字的内容修改

激活文字工具，或使用选择工具，在所需修改的文字上面双击，可进入文字输入框，输入所需修改的文字，在输入框外空白处单击即可完成。

（2）文字的移动

使用文字工具，在需要移动的文字上单击并拖动至所需位置即可。

（3）文字的删除

可使用文字工具，在需要删除的文字上右击，在快捷菜单中选择删除；或使用选择工具，选择需要删除的文字，按Delete键进行删除。

（4）文字的样式调整

单击菜单栏"窗口"—"模型信息"，并选择"文本"，会出现如图1-118所示的选项窗口，可在窗口中对屏幕中的文字或引线文字选定，并更改其字体、样式、字号等，还可设置引线的终点显示方式和引线的固定方式等，对选项修改后，单击"更新选定的文字"即可。

1.4.5.4　创建三维文字

单击大工具集中的三维文字工具 ，系统会打开"放置三维文本"对话框，如图1-119所示。在文字框内可输入所需创建的文字内容，在其它选项中可对文字的字体、样式、对齐方式、高度等参数进行设置。设置完成后，可单击"放置"，然后在视图中单击所需放置的位置即可，如图1-120所示。选项中的"高度"，用于控制三维字体的大小，"已延伸"中的数值，用于控制三维文字的高度，当取消"填充"后面的勾选时，将会创建无填充的平面文字，如图1-121所示。当取消"形状"后面的勾选时，会创建线框文字，如图1-122所示。

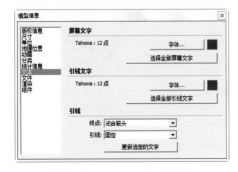

图1-118　文本选项对话框

图1-119　放置三维文本对话框

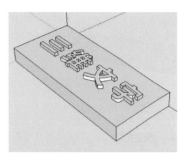
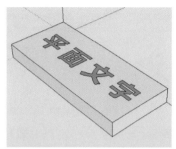
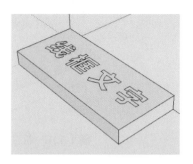

图1-120　三维文字　　　　图1-121　平面文字　　　　图1-122　线框文字

1.5　群组、组件与材质

群组、组件和材质，是SketchUp 2018中非常重要的三个概念，也是建模过程中三种非常实用的命令。群组可以使模型的创建和编辑更加方便，组件可以使模型中的相同元素关联性更强，且更容易扩充细节，材质则可以为模型增添更加真实的纹理。

1.5.1　群组

群组，是将模型中的点、线、面、体等组合在一起，以方便模型的编辑和管理，并避免由于模型的黏结而造成的后期不便修改等缺点。

1.5.1.1　群组的创建

当对需要进行群组的对象进行选择后，如图1-123所示，可右击，在弹出的快捷菜单中选择"创建群组"，如图1-124所示，或在选择后，单击菜单栏"编辑"—"创建群组"，均可完成群组的创建，创建后的群组会作为一个独立的个体出现，如图1-125所示。

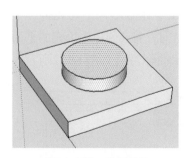

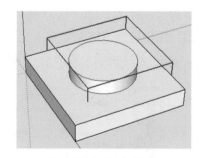

图1-123　选择对象　　　　图1-124　快捷菜单　　　　图1-125　创建群组

1.5.1.2　群组的编辑

对于已经创建的群组，用户可以方便地进入并修改，可也以在群组中继续创建其它群组，同样也可执行群组的删除、分解等操作。

（1）进入群组修改

对于创建的群组，用户可以通过对群组双击的方式，进入群组内部进行修改。双击后，群组外围会出现虚线框，如图1-126所示，此时便可以对群组内的对象进行修改。当需要退出群组编辑时，在虚线框外任意位置单击即可。

（2）群组的嵌套

当进入群组编辑后，用户还可以在群组内选择对象，并再次进行群组，完成群组的嵌套，使其成为一个具有层级结构的群组，如图1-127所示。

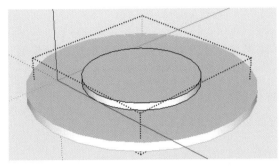
图1-126　进入群组

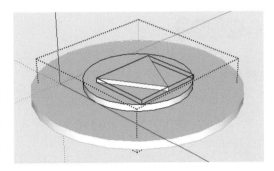
图1-127　群组嵌套

（3）群组的删除

选择群组后，可按下Delete键进行删除，也可以右击，在快捷菜单中选择"删除"。

（4）群组的分解

右击群组，在快捷菜单中选择"分解"，可将群组的对象分解为群组之前的状态，嵌套在组内的群组会变为独立的群组。

1.5.1.3　群组的其它选项

对群组进行右击，可弹出快捷菜单，除了之前的编辑、删除和分解之外，还有一些其它的选项设置，包括图元信息、锁定、模型交错、翻转方向等。

（1）群组的图元信息

选择群组后，在右侧的默认面板"图元信息"中，会显示该群组的相关信息，如图1-128所示。在其中，可修改群组的所在图层、名称，还可控制其是否隐藏、是否锁定、是否投射阴影和接收阴影等。

（2）模型交错

右击群组，可在快捷菜单中选择"模型交错"，用来形成模型间的切割并产生交线，具体使用方法详见本书"1.6.6.1　模型交错"。

（3）翻转方向

右击群组，选择快捷菜单中的"翻转方向"，可从红轴、绿轴和蓝轴中选择想要翻转的方向，可形成群组镜像的效果，如图1-129、图1-130分别为正常时和沿红轴翻转方向后的效果。

图 1-128　图元信息

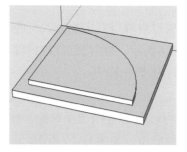

图 1-129　正常的扇形群组

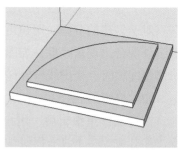

图 1-130　红轴翻转方向后

技巧提示

○ 在实际建模过程中，对不同对象的群组创建应当尽早完成，以免出现后期模型间粘连，而产生不易修改的问题。

○ 群组创建的条件是，必须选择两个或两个以上的对象，单个对象无法进行群组。

○ 当在群组内部完成修改后，可单击群组外的任意位置退出群组，也可按下 Esc 键退出。

1.5.2　组件

组件，作为单个或多个物体的集合，与群组有着相同的属性和编辑方式，且具有更加高级的关联性功能，更利于批量修改和操作。

1.5.2.1　组件的创建与编辑

选择需要创建组件的对象，然后右击弹出快捷菜单，选择其中的"创建组件"，或按下大工具集中的"制作组件" 🏠，也可以在选择对象后按快捷键 G，即可弹出对话框，如图 1-131 所示，在其中可对组件的名称、描述内容进行输入，还可以控制黏结对齐方式并控制组件轴等。设置完成后，单击"创建"即可完成组件的创建，如图 1-132 所示。

图 1-131　"创建组件"对话框

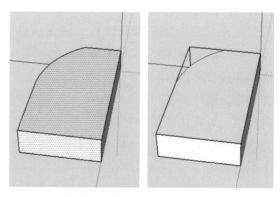

图 1-132　选择并创建组件

对组件的编辑与群组相似，可双击进入组件对其进行编辑，完成后在组件外单击即可退出组件编辑。对组件的删除、旋转、移动、复制等操作与普通对象相同。

1.5.2.2　组件的导出

对创建的组件进行右击，可在快捷菜单中选择"另存为"对其进行导出，导出的组件同样可以通过菜单栏"文件"—"导入"，将其导入当前模型中使用。

1.5.2.3　组件面板

在软件界面右侧的"默认面板"中有"组件"面板，如图1-133所示。通过此面板，用户可以方便地对当前模型中的组件进行查看和导入，同时还可以使用SketchUp 2018中预设的各类组件内容。同样，用户也可以将自己常用的组件进行导入，以方便在绘图过程中使用。在"组件"面板中共包括"选择""编辑"和"统计信息"三个选项标签，主要内容如下。

图1-133　组件面板

（1）"选择"选项

打开"组件"面板后，会默认显示在"选择"选项标签下，在该选项下，用户可对模型中或预设中的组件进行选择并导入到模型空间中。

面板中的"查看选项"按钮 ，用户控制当前组件库中的显示预览方式，包括小缩略图、大缩略图、详细信息等，如图1-134所示。

面板中的"导航"按钮 ，用于选择模型库的类型，包括在模型中的样式、组件、个人收藏等，如图1-135所示。

面板中的"搜索"工具条 3D Warehouse ，可对所需要的组件进行搜索，单击输入区窗口并输入所需搜索的组件名称即可。

面板中的"详细信息"按钮 ，可将自己常用的组件库进行导入，也可在3D Warehouse中搜索需要的组件等，如图1-136所示。

图1-134　查看选项

图1-135　导航

图1-136　详细信息

示例1-6　导入自己的组件库以提高绘图效率

① 在使用SketchUp 2018进行景观专业的模型绘制时，离不开大量的组件元素，例如乔木、灌木、配景人物、座椅、灯具等，为提高绘图效率，用户可以将这些常用组件放置到同一个文件夹内并命名，例如"我的组件"。

② 在默认面板中的"组件"面板中，单击"详细信息"按钮 ，在打开的菜单下选择"打开或创建本地集合"，系统会自动打开"选择集合文件夹或创建新文件夹"对话框，在该对话框中找到"我的组件"文件夹，并单击选中，如图1-137所示，之后单击"选择文件夹"。

③ 之后，即可在"组件"面板的预览窗口中，找到刚刚添加过的"我的组件"文件夹内的组件内容，可使用"小缩览图"的方式预览，如图1-138所示。

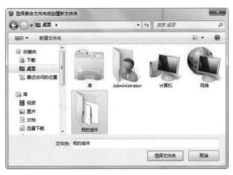

图1-137 "选择集合文件夹"对话框

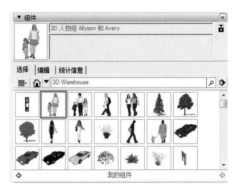

图1-138 完成"我的组件"库添加

④ 当需要将某个组件导入至模型时，可在预览窗口中将其单击选中，然后将鼠标移动至所需放置位置单击即可。

（2）"编辑"选项

单击"组件"面板中的"编辑"选项标签，会进入"编辑"选项，如图1-139所示。在其中可对所选组件的"对齐方式""载入来源"等进行调整。

（3）"统计信息"选项

单击"组件"面板中的"统计信息"选项标签，会进入"统计信息"选项，如图1-140所示。在其中可查看所选组件的详细信息，如边线数目、平面数目等。

图1-139 "编辑"选项

图1-140 "统计信息"选项

1.5.2.4　组件的关联编辑与单独编辑

相同的组件具有关联性，当编辑其中一个时，其它组件也会进行同步更新，而当需要对其中部分组件进行独立编辑而不影响其它时，也可以方便地完成。

（1）组件的关联编辑

在创建组件后，可对其进行复制和阵列，如图1-141所示，复制后的组件与原组件具有关联性，当对其中一个组件进行编辑后，其它复制出的组件也会进行同步的编辑操作，如图1-142所示。

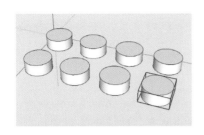

图1-141　创建组件并复制

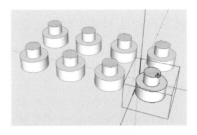

图1-142　关联编辑

（2）组件的单独编辑

相同的组件具有关联性，但当需要对其中一个或几个组件进行单独的编辑时，可先将需要编辑的组件进行选择，如图1-143所示；然后对其右击，在弹出的快捷菜单中选择"设定为唯一"；之后，再任意双击其中之一进入组件内部编辑状态，对其进行编辑，此时，只有被"设定为唯一"后的组件才会进行关联更新，其余组件则保持不变，如图1-144所示。

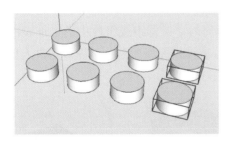

图1-143　选择对象组件

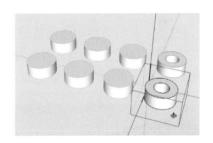

图1-144　"设定为唯一"进行独立编辑

1.5.2.5　组件的其它选项

对组件进行右击，可弹出快捷菜单，在其中可进行其它选项的操作，例如可以对组件进行隐藏、锁定、分解、更改轴、翻转方向等，用法与群组类似。

技巧提示

○ 组件的尺寸和范围没有显示，可以是一条线，也可以是整个模型。

○ 组件除了存在于本身的模型文件中，还可以导出到别的模型文件中使用，这一特点使得组件的实用价值大大提高，且制图效率也得到提升。

○ 组件具有自己独立的坐标系，在创建时可以保持默认，也可以自行设定坐标轴，而群组不具有自身独立的坐标系。

○ 在SketchUp制作的园林景观模型文件中，经常使用到的人、车、树等配景都是通过组件的方式插入的，这些组件一般都是从外部资料中获得。这些组件有些是二维物体，有些是三维物体。二维组件文件量较小，但精细度不足；三维组件细节丰富，但占用的文件量较大，用户可根据实际需要选择使用。

○ 在较大的模型场景中，往往需要多个组件，且层层嵌套，不便于修改编辑。此时，可通过菜单栏"窗口"—"默认面板"—"管理目录"，打开管理目录面板，在其中可以以树形结构显示模型中的所有组件及群组的情况，方便查看和编辑。

1.5.3 材质

材质工具，可以对绘图区中的对象进行材质的填充，被填充的对象可以是一个面，也可以是群组或组件。完成材质填充后的模型对象，会显示更加真实的纹理细节，是使用SketchUp 2018进行效果图制作时必不可少的一项重要内容。

1.5.3.1 材质工具的使用

当需要对物体进行材质填充时，用户可以单击大工具集中的"材质"工具 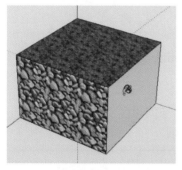，或按快捷键B执行。执行命令后，用户可在工作界面右侧的"材料"默认面板中，单击选择所需填充的材质，然后在绘图区再单击所需填充的对象，即可完成材质的赋予，如图1-145所示为对象局部填充材质后的效果。

当使用材质工具，对群组或组件进行材质填充时，该群组或组件中的全部表面均会被赋予材质，如图1-146所示，当需要对其中的部分表面填充材质时，可先双击进入群组或组件的内部编辑，然后再进行材质填充即可，如图1-147所示。

图1-145　对独立表面填充材质

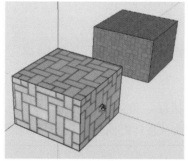
图1-146　对群组填充材质

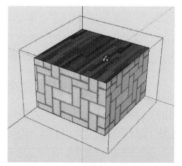
图1-147　群组内的材质填充

1.5.3.2 材料面板

在软件界面右侧的"默认面板"中有"材料"面板，如图1-148所示，通过此面板，用户可以选择所需填充的材质，也可以对材质的颜色、纹理、不透明度等选项进行编辑。在"材料"面板中共包括"选择"和"编辑"两个选项标签。

（1）选择材质

打开"材料"面板后，会默认显示在"选择"选项标签下，在该选项下，用户可对系统默认的材质或个人创建的材质进行选择。单击选择样式列表 ，会弹出如图1-149所示的列表，列表中显示了SketchUp 2018中预设的材质种类，包括默认的三维打印、人造表面、屋顶、石头等17个种类的多种材质。单击选择任意种类，面板的材质预览区域就会切换显示该种类包含的材质样式，如图1-150所示为"木质纹"类别下的材质样式。

图1-148 "材料"面板

图1-149 预设材质样式

图1-150 材质预览

（2）选择材质"详细信息"

单击"选择"选项标签下的"详细信息"按钮 ⏩ ，可弹出菜单列表，如图1-151所示。在列表中，用户可以单击"打开和创建材质库"，用于创建个人常用的材质种类；也可以选择材质预览区的预览方式，包括小缩略图、中缩略图、大缩略图、超大缩略图和列表视图等。

（3）编辑材质

当选择模型中的某一材质后，可单击"材料"面板中的"编辑"选项标签，进入"编辑"选项，如图1-152所示。在其中可对所选材质的颜色、纹理、不透明度等进行编辑。

在"颜色"选项中，可通过拾色器列表，如图1-153所示，来选择拾取颜色的方式，包括色轮、HLS、HSB和RGB四类方式，然后拾取选择所需要的颜色，即可改变该材质的颜色值。还可以通过 ■ ◆ ◀ 三个命令按钮，分别控制"还原颜色更改""匹配模型中对象的颜色"和"匹配屏幕上的颜色"。

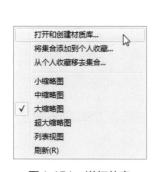

图1-151 详细信息

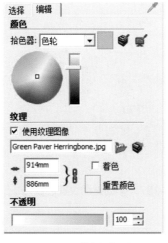

图1-152 "编辑"选项

图1-153 颜色拾取方式

在"纹理"选项中，可控制是否使用纹理图像，还可指定其它的材质图像文件。通过高度和宽度的数值输入框，可以控制材质的大小比例，如图1-154所示为默认比例下的材质和增大高度、宽度后的材质对比。通过其它选项，还可以控制是否锁定高宽比、着色和重置颜色等。

在"不透明"选项中，用户可通过滑块或数值的方式，来控制材质的不透明度情况。默认为100%不透明，可在0 ~ 100之间选择，如图1-155所示分别为不透明度50时的效果。

  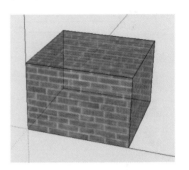

图1-154 材质的大小比例对比　　　　　图1-155 材质的不透明度

1.5.3.3 贴图材质纹理的位置编辑

对于贴图材质，用户可以方便地对其进行移动、缩放、旋转和变形等操作。右击需要编辑的贴图材质，在弹出的快捷菜单中选择"纹理"—"位置"，此时，贴图材质所在的表面会出现如图1-156所示的四个图钉图标，分别用于控制移动、缩放和旋转、变形等。

（1）移动贴图纹理位置

单击并拖动红色图钉 ，或直接单击贴图并拖动，可移动贴图纹理的位置，如图1-157所示。

（2）缩放和旋转贴图纹理

单击并沿平行轴线拖动绿色图钉 ，可对贴图纹理进行放大或缩小操作，如图1-158所示；单击并根据量角器角度图标进行拖动，可在缩放贴图纹理的同时对其进行旋转操作，如图1-159所示。

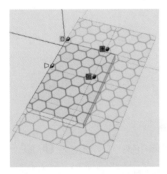 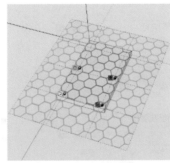 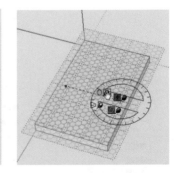

图1-156 贴图位置编辑　　　图1-157 移动贴图纹理位置　　　图1-158 缩放贴图纹理

（3）扭曲贴图纹理

单击并拖动黄色图钉 ，可对贴图纹理进行扭曲变形操作，如图1-160所示。

（4）调整比例和修剪贴图纹理

单击并拖动蓝色图钉 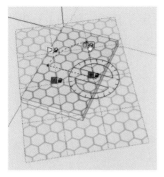，可对贴图纹理进行调整比例和修剪操作，如图1-161所示。

图1-159　旋转贴图

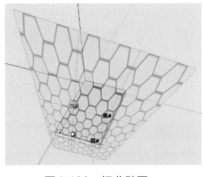
图1-160　扭曲贴图

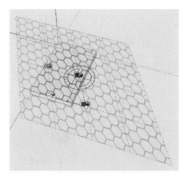
图1-161　比例调整和修剪

1.5.3.4　快捷键组合填充材质

在使用"材质"工具进行填充材质时，默认情况下只对单击的一个表面进行填充，如果在填充时按住Ctrl键单击，则可以将与所选表面相邻且使用相同材质的表面，全部进行填充；如果按下Shift键单击，则无论表面是否相连，都使用当前材质替换与所选表面相同的材质；在填充时按下Alt键，会临时切换为吸管工具，可对所需的材质进行单击吸取，松开Alt键后，自动切换至"材质"工具，即可进行材质填充。

技巧提示

○ 当模型中的材质过多，且部分材质并未使用时，可单击"材料"面板中的"详细信息"按钮 ⊕，选择其中的"清除未使用项"，对未使用的材质进行清除。也可选择菜单栏中的"窗口"—"模型信息"，在弹开的对话框中选择"统计信息"，单击"清除未使用项"。

○ 在调整材质的不透明度时，大于70%的设置，物体表面的投影会正常显示，而低于70%的设置则不会产生投影。

○ 对某一材质表面进行右击，可在弹出的快捷菜单中单击"选择"—"使用相同材质的所有项"，该命令可以将所有与该材质相同的物体，进行全部选定。

1.6　图层、阴影与其它

图层的使用可以让SketchUp的建模过程更加清晰，并便于管理。阴影的设置可以精确控制太阳照射的位置，并使模型更具空间和层次感。沙盒工具组则可以创建并编辑地形，为场地带来更多空间变化。除此之外，其它主要工具和命令还包括实体工具、截面工具、模型交错等。

1.6.1　图层

图层，用于查看和控制模型中的物体，并对其进行管理，用户可以通过菜单栏"视图"—"工具栏"，在打开的对话框中勾选"图层"，系统会打开图层工具栏，如图1-162所示。用户还可以在工作界面右侧的"图层"默认面板中，对图层相关属性进行更加详细的设置，如图1-163所示。

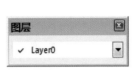

图1-162　"图层"工具栏

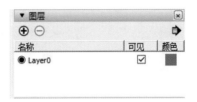

图1-163　"图层"面板

1.6.1.1　图层的新建和删除

在"图层"面板中，用户可对图层进行新建和删除操作。单击面板中的图标 ⊕ ，系统会自动创建一个默认名称为"图层1"的新图层，如图1-164所示。用户也可以通过键盘输入的方式来改变图层名称。当需要对图层进行删除时，可先在图层面板中单击选择该图层，或按下Ctrl键后单击选择多个图层，如图1-165所示；然后单击图标 ⊖ ，即可完成对所选图层的删除，如图1-166所示。

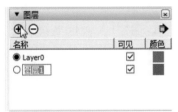

图1-164　新建图层

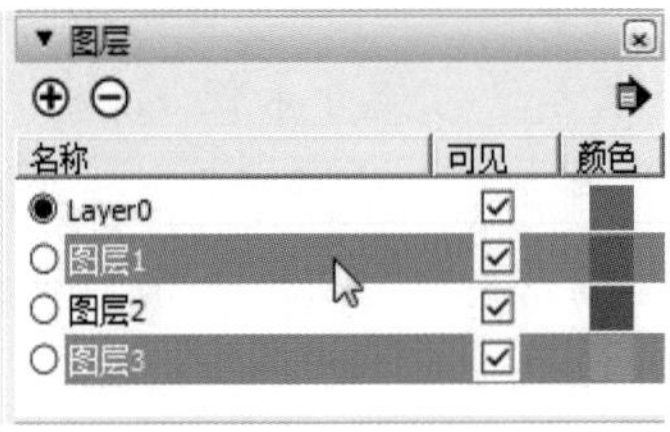

图1-165　选择图层

图1-166　删除图层

1.6.1.2　图层的属性控制

在"图层"面板中，通过单击图层名称左侧的圆环符号 ○ ，可将其变为黑色填充显示 ● ，表示该图层处于"当前图层"，此时创建的模型物体处于该图层下，如图1-167所示。单击图层名称右侧的"可见"方形符号 ☑ ，可控制该图层下物体的可见性。单击图层面板右侧的"颜色"属性块图标 ■ ，可打开颜色选择对话框，并可编辑该图层的颜色显示信息。

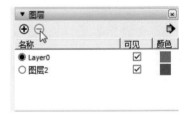

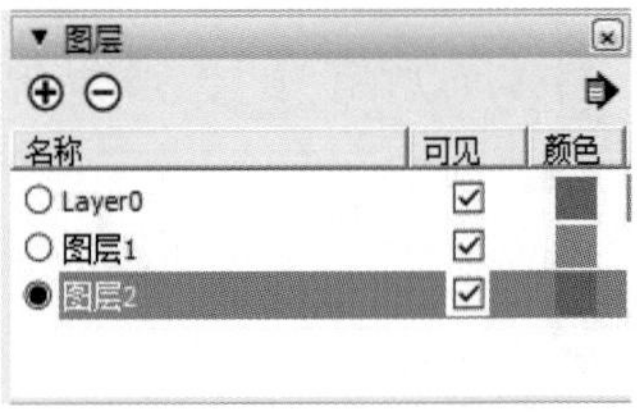

图1-167　切换当前图层

1.6.1.3　改变对象所在的图层

当需要更改对象的所在图层时，可先对物体进行选择，如图1-168所示；然后单击"图层"工具栏中的下拉符号 ▾ ，在弹出的图层列表中，选择并单击所需更改到的图层即可，如图1-169所示。也可以在选择物体后，在其"图元信息"面板中，更改所在图层，如图1-170所示。

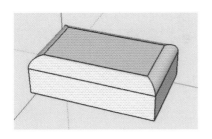
图1-168　选择物体

图1-169　更改所在图层

图1-170　更改图层

技巧提示

○ 图层与群组、组件结合使用，可以使建模和后续的修改过程更加清晰方便，例如将同类型的物体归类放在同一图层内，就是一个很好的图层管理习惯。

○ 图层在SketchUp中的作用远没有在AutoCAD和Photoshop中强大，在SketchUp中更多的作用体现在对物体对象可见性的控制上。

1.6.2　阴影

阴影工具，可以使模型物体在地面和表面形成投影，并精确对其进行参数控制。在使用SketchUp 2018进行空间效果图表现时，常常需要启用阴影显示，这样可使空间更加真实和富有层次。

1.6.2.1　阴影工具栏

用户单击菜单栏"视图"—"工具栏"，可在打开的对话框中勾选"阴影"，打开阴影工具栏，如图1-171所示。在阴影工具栏中，用户可以通过"显示/隐藏阴影"按钮，来启用或关闭阴影显示，还可以通过滑块调整当前的日期和时间来精确控制阴影的显示状况。

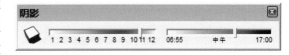
图1-171　"阴影"工具栏

1.6.2.2　阴影面板

在软件界面右侧的默认面板中，用户可以切换打开"阴影"面板，对阴影工具进行更多的选项设置，如图1-172所示。主要内容如下：

① "显示/隐藏阴影按钮"，用于控制阴影显示的开关，按下时可显示模型投影。

② "时区设置"，在下拉菜单中可选择切换不同时区。

③ "时间设置"，可移动滑块或输入数值来控制投影产生的具体时间。

④ "日期设置"，可移动滑块或输入数值来控制投影产生的具体日期。

⑤ "场景明暗度设置"，通过移动滑块或输入数值，控制模型空间场景的明暗程度。

⑥ "投影明暗度设置"，通过移动滑块或输入数值，控制投影显示的明暗程度。

⑦ "使用阳光参数区分明暗面"，将该选项勾选后，可在不打开阴影显示的情况下，对模型对象进行明暗面的区分显示。

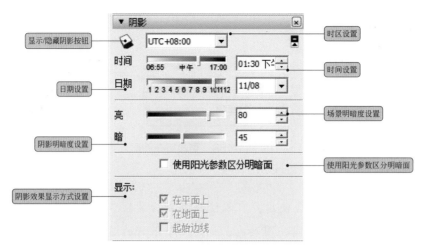

图1-172 "阴影"面板

⑧"阴影效果显示方式设置",默认状态下勾选"在平面上"和"在地面上",显示效果如图1-173所示;当只勾选"在平面上"时,显示效果如图1-174所示;当只勾选"在地面上"时,显示效果如图1-175所示。当勾选"起始边线"时,可以使模型对象的边线也产生投影。

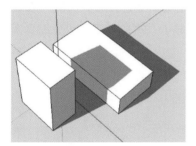
图1-173 全部勾选时

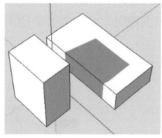
图1-174 勾选"在平面上"

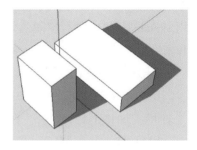
图1-175 勾选"在地面上"

技巧提示

○ 在SketchUp中的阴影是实时渲染的,当模型对象位于地平线(红绿轴面)以下时,地面投影会出现错误显示,此时可以将物体移至地平线以上或在模型底部增加一个平面作为地面,并取消"在地面上"的勾选即可。

○ 只有不透明的材质表面能接受阴影,具有透明度材质的表面无法显示阴影。

○ 在使用SketchUp进行效果图表现时,需要启用阴影显示来提高空间的立体感,并尽量使要表现的场景处于受光面,保证效果。

1.6.3 沙盒工具

沙盒工具,用于创建和编辑地形,是SketchUp 2018中较为高级的插件工具,用户可以在菜单栏"视图"—"工

图1-176 "沙盒"工具栏

具栏"中勾选"沙盒"，打开沙盒工具栏，如图1-176所示。在沙盒工具栏中共包含有7个工具，分别对应不同的地形创建方式和编辑方法。

1.6.3.1 根据等高线创建地形

使用"根据等高线创建"工具 ，可以根据导入或绘制的等高线来创建地形，用户可以将AutoCAD中的地形导入至SketchUp中来创建精确的地形，也可以使用绘图工具直接在SketchUp中绘制等高线，并生成地形。

示例1-7 绘制等高线并生成地形

① 在SketchUp俯视图下，按快捷键A激活圆弧工具，单击并绘制圆弧，继续绘制完成闭合的等高线平面，如图1-177所示。

② 继续使用圆弧工具，在平面内绘制另外三条等高线，如图1-178所示。

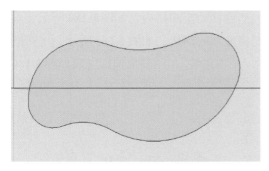
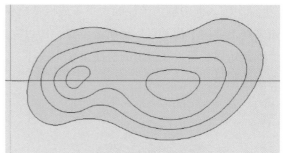

图1-177　绘制等高线平面　　　　　　图1-178　继续绘制等高线

③ 将绘制的闭合平面选定并删除，只保留线的部分，切换至透视角度视图，如图1-179所示。

④ 依次选择等高线，并沿Z轴等距向上方移动至适当位置，完成等高线高程的调整，如图1-180所示。

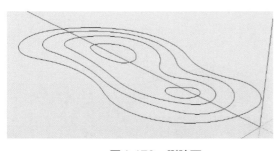

图1-179　删除面　　　　　　　　　　图1-180　移动等高线完成高程调整

⑤ 将等高线全部选定，然后单击沙盒工具栏中的"根据等高线创建"工具 ，系统会自动完成等高线地形的创建，完成如图1-181所示效果。

⑥ 双击创建完成的地形，进入群组编辑状态，使用擦除工具对多余的线进行删除整理，完成效果如图1-182所示。

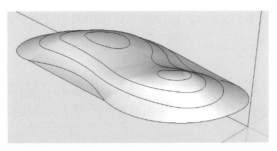

图 1-181　生成等高线地形

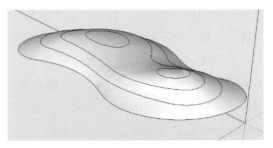

图 1-182　整理后的最终效果

1.6.3.2　根据网格创建地形

使用"根据网格创建"工具 ，可以根据绘制的网格创建自由度更高的地形。用户可以单击选择该工具，在"栅格间距"输入框中输入方格的大小（或保持默认），然后在模型中绘制网格，如图 1-183 所示。双击进入网格群组内，单击激活"曲面起伏"工具 ，在"半径"输入框中输入半径的大小（或保持默认），然后移动至网格内，如图 1-184 所示。点击并向上或向下拖动鼠标至所需位置，即可完成网格地形的创建，如图 1-185 所示。将网格全部选定后右击，在弹出的快捷菜单中选择"柔化/平滑边线"，调整数值，完成如图 1-186所示的效果。

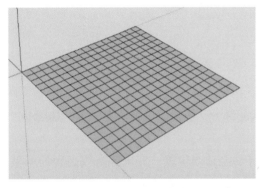

图 1-183　绘制网格（1）

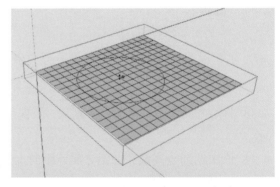

图 1-184　调整曲面起伏半径（1）

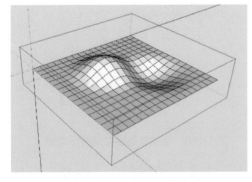

图 1-185　绘制网格（2）

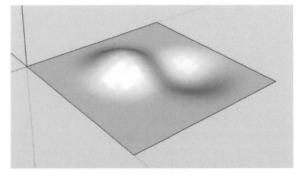

图 1-186　调整曲面起伏半径（2）

1.6.3.3　网格地形的编辑与调整

使用"曲面平整"工具 ，可以在曲面的地形上创建平面，以便建筑能够与基地更好地结合。使用时，可先单击激活"曲面平整"工具，然后单击需要底面投影的物体，例如图 1-187 所示的建筑；然后单击地形，并拖动鼠标进行适当拉伸来确定基底面的位置，如图 1-188 所示；最后，移动物体至基底平面即可，如图 1-189 所示。

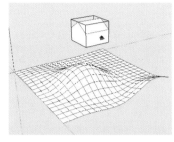
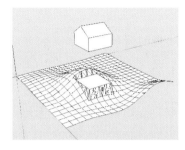
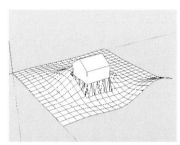

图 1-187　选择建筑　　　　图 1-188　拉伸基底　　　　图 1-189　移动完成

使用"曲面投射"工具 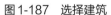，可以将对象的边线投射到曲面上，并形成分割。使用时，可先激活"曲面投射"工具，然后单击要投影的对象，例如图 1-190 所示的道路，然后单击地形，即可完成如图 1-191 所示的曲面投射和分割的效果。

使用"添加细部"工具 ，可以在原有地形曲面网格的基础上，通过点击并拖动，来创建更加细分的三角面，以便对其进一步编辑，如图 1-192 所示。

使用"对调角线"工具 ，可以改变三角面边线的方向，对地形进行局部调整，如图 1-193 所示。

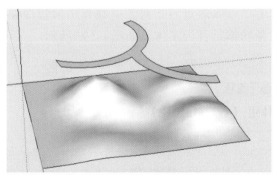
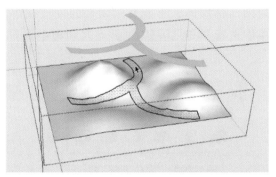

图 1-190　选择道路　　　　　　　　　　图 1-191　完成曲面投射

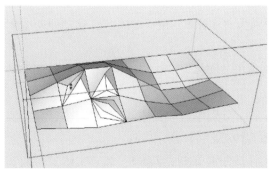
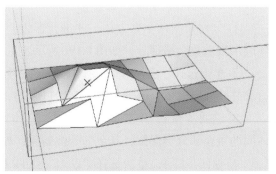

图 1-192　添加细部　　　　　　　　　　图 1-193　对调角线

1.6.4　实体工具

实体工具，可以在实体之间进行布尔运算，从而实现所需要的切割效果。用户可以在菜单栏"视图"—"工具栏"中勾选"实体工具"，打开实体工具栏，如图1-194所示，在实体工具栏中共包含有6个工具，分别对应不同的实体切割方式。

实体工具，只能针对实体进行操作，因此用户在使用前，必须确认对象物体为实体后，才可以进行相关操作。在SketchUp 2018中，实体必须是作为群组或组件出现的封闭几何形体，不能有未闭合的面或线等。用户可以通过右击对象，在弹出的快捷菜单中选择"图元信息"，并在其面板中查看对象物体是否为实体，如图1-195所示。

图1-194　"实体工具"栏

图1-195　查看实体

示例1-8 练习使用6个实体工具完成布尔运算

① 分别绘制两个立方体，并进行群组，分别为"实体1"和"实体2"，移动使两个实体间出现重叠交错部分，如图1-196所示。

② 单击选择"实体外壳"工具 后，分别单击"实体1"和"实体2"，两实体间会进行合并，并删除重叠部分，如图1-197所示。

③ 返回步骤1，单击选择"相交"工具 后，分别单击"实体1"和"实体2"，两实体间的重叠部分会保留，其余部分被删除，如图1-198所示。

④ 返回步骤1，单击选择"联合"工具 后，分别单击"实体1"和"实体2"，两实体会进行合并，但会保留重叠部分，效果与"实体外壳"工具相似。

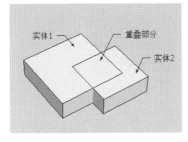

图1-196 两实体重叠

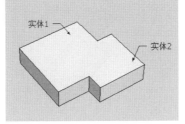

图1-197 "实体外壳"

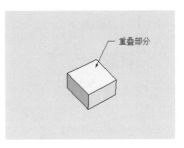

图1-198 "相交"

⑤ 返回步骤1，单击选择"减去"工具 后，分别单击"实体1"和"实体2"，"实体2"会减去"实体1"，并保留剩余实体部分，如图1-199所示。

⑥ 返回步骤1，单击选择"剪辑"工具 后，分别单击"实体1"和"实体2"，"实体2"会对"实体1"进行剪辑，并形成两个实体，如图1-200所示。

⑦ 返回步骤1，单击选择"拆分"工具 后，分别单击"实体1"和"实体2"，会按照实体相交部分进行拆分，成为三个实体，如图1-201所示。

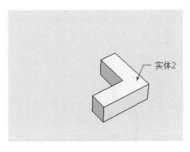

图1-199 "减去"

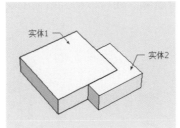

图1-200 "剪辑"

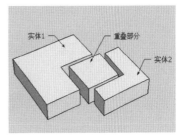

图1-201 "拆分"

1.6.5 截面工具

截面工具，用于对模型物体创建截面，在菜单栏"视图"—"工具栏"中勾选"截面"，可打开截面工具栏，如图1-202所示，工具栏中共包括3个工具。

图1-202 "截面"工具栏

使用时，可单击选择"绘制剖切面" ，将鼠标移动至需要绘制的切面位置，截面会自动捕捉切面，如图1-203所示，单击即可创建剖切面，如图1-204所示。对于创建的截面，用户可以使用鼠标对其进行单击选择，也可以在选定后使用"移动"或"旋转"等工具，对截面进行位置的移动和旋转等操作。同样，用户也可以再次使用"绘制剖切面"工具来绘制多个截面，如图1-205所示，当需要显示某个界面时，只需要在该截面上双击即可切换。

默认状态下，"剖切面" 和"剖面切割" 显示都处于打开的状态，根据需要，用户也可以单击切换将其关闭。

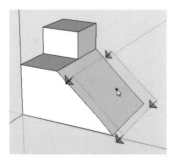
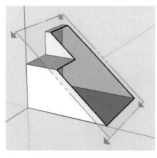
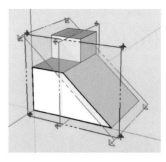

| 图 1-203　捕捉切面 | 图 1-204　创建截面 | 图 1-205　创建多个截面 |

1.6.6　其它

1.6.6.1　模型交错

模型交错可以在模型对象间进行布尔运算，产生交错并方便创建更加复杂的体块，与实体工具相比，模型交错不再局限于针对实体，而是任何对象均可。使用时，可将需要进行交错的模型进行选择，如图 1-206 所示，然后右击，在弹出的快捷菜单中选择"模型交错"即可，然后将不需要的部分删除，便可以得到所需的交错部分，如图 1-207 所示。

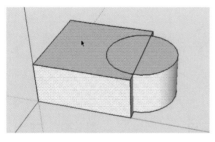
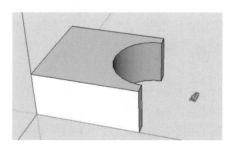

| 图 1-206　选择对象 | 图 1-207　完成模型交错 |

1.6.6.2　"平面"编辑

当对物体的任意表面进行选择后，可在菜单栏"编辑"—"表面（或平面）"下出现很多编辑命令，如图 1-208 所示，用户可以根据需要选择使用。例如在"选择"选项下，可以按照不同的方式对平面进行针对性的选择；在"面积"选项下，可统计所选内容、图层或材质的面积；还可以选择对齐方式及进行反转平面等。

| 图 1-208　平面选项 | 图 1-209　边线样式 |

1.6.6.3 边线样式

通过菜单栏"视图"—"边线样式"，可以对模型物体的边线显示样式进行设置，包括有边线、后边线、轮廓线、深粗线、出头，如图1-209所示，用户可以根据所需效果进行任意组合，如图1-210为只勾选"边线"的效果，图1-211为无边线显示的效果，图1-212为"边线""后边线""轮廓线"和"出头"全部勾选后的效果。

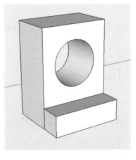
图1-210　显示"边线"

图1-211　无边线显示

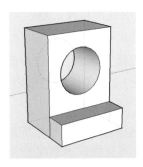
图1-212　全部显示

用户还可以在"风格"面板中，在"编辑"标签下，对轮廓线的粗细、出头的长短等相关参数进行更细节的设置。

1.6.6.4 显示模式

用户可以通过菜单栏的"视图"—"工具栏"，打开"风格"工具栏，对模型物体表面的显示方式进行设置，如图1-213所示。通过菜单栏"视图"—"显示模式"，同样可以对显示模式进行设置。

图1-213　"风格"工具栏

（1）材质贴图模式

系统默认使用此显示风格，在此模式下，模型物体表面赋予的材质和贴图会完整显示，是SketchUp 2018中最常使用的显示模式，如图1-214所示。

（2）线框显示模式

在此模式下，模型物体表面会被隐藏，只显示模型的边线，并且无法使用推拉等编辑工具，如图1-215所示。

（3）消隐模式

在此模式下，模型物体的所有表面都以背景色渲染，并遮挡位于其后的边线，常用于打印墨线，并添加手绘效果，如图1-216所示。

图1-214　材质贴图模式

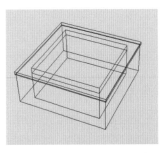
图1-215　线框显示模式

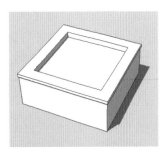
图1-216　消隐模式

（4）阴影模式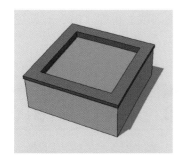

在此模式下，表面被赋予的颜色材质将会显示出来，并根据光照调整颜色，如果表面没有材质，则显示默认颜色，如图1-217所示。

（5）单色显示模式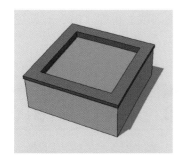

在此模式下，以默认材质显示模型，可以方便地辨别正反面。

（6）X光透视模式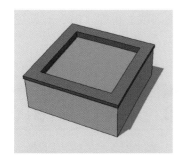

该模式可以与其它显示模式配合使用（"后边线"和"线框"模式除外），该模式下的所有表面都变得透明，包括被物体遮盖的线和面，在辅助建模时，这种显示方式将非常方便，如图1-218为"X光透视模式"和"材质贴图模式"配合使用的效果。

（7）后边线模式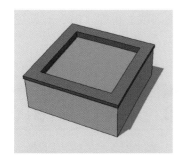

该模式可以与其它显示模式配合使用（"X光透视模式"和"线框"模式除外），该模式可以在现有模式的基础上，将被物体遮挡的线以虚线的方式显示出来，如图1-219所示为"后边线模式"和"单色显示模式"配合使用的效果。

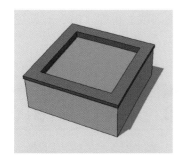
图1-217　单色显示模式

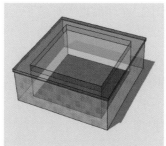
图1-218　X光透视模式

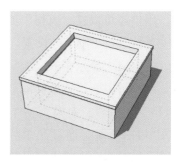
图1-219　后边线模式

1.6.6.5　场景面板

在工作区右侧的默认面板中，可以打开"场景"面板，如图1-220所示，在"场景"面板中，用户可以创建场景页面和制作动画。使用时，用户可以单击添加场景按钮，此时在"场景"面板会出现名为"场景号1"的场景，同时，在绘图区的左上方也会出现名称为"场景号1"的页面，需要继续添加场景时，可重复此操作。同样，用户也可以通过面板中的其它命令按钮，对创建的场景进行删除、更新、调整位置等。

在默认情况下，创建的场景会对它的场景视角、剖切面、样式、阴影等信息进行保存，无论在任何编辑情况下，单击"场景号"页面，或双击"场景"面板中保存的场景缩览图，均会自动切换到该场景保存时的状态，而这一过程则被记录为动画。

在实际应用中，场景页面的创建常用来保存图纸的相机视角，并方便后续的编辑和图纸导出。

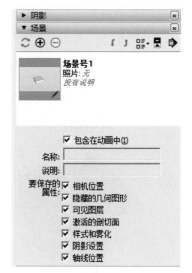
图1-220　"场景"面板

1.6.6.6 平行投影和透视显示

通过菜单栏的"相机",可以对平行投影和透视显示进行切换。平行投影是模型的三向投影图,在此模式下,所有的平行线在绘图窗口中保持平行,当需要在SketchUp 2018中导出标准的平面图和立面图时,常使用平行投影。透视显示则是模仿人眼观察物体的方式,所显示的模型物体带有透视显示效果,是建模编辑时的默认模式,在透视效果图的导出时常使用此默认模式。

1.6.6.7 标准视图

通过菜单栏的"视图"—"工具栏",打开"视图"工具栏,可对模型场景的标准视图进行切换,如图1-221所示,分别对应等轴、俯视图、前视图、右视图、后视图、左视图,效果分别如图1-222、图1-223所示。

图1-221 "视图"工具栏

（a）等轴

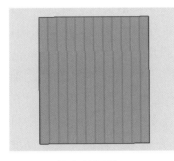

（b）俯视图

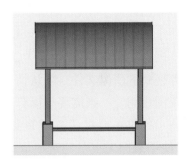

（c）前视图

图1-222 模型场景的标准视图切换（1）

（a）右视图

（b）后视图

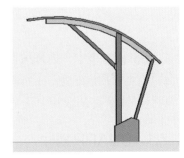

（c）左视图

图1-223 模型场景的标准视图切换（2）

1.6.6.8 导入导出

单击菜单栏"文件"—"导入",可打开导入对话框,用户可以在右侧的文件类型列表中选择需要导入的文件类型,如图1-224所示,选择该文件后,单击导入,即可将所需文件导入到SketchUp 2018中进行后续的编辑,如图1-225所示为导入Jpg图像后的效果。

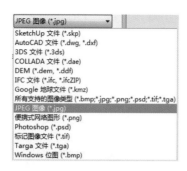

图 1-224　导入文件类型选择

图 1-225　导入 Jpg 图像

单击菜单栏"文件"—"导出"，可选择将完成的模型场景保存为三维模型、二维图形、剖面或动画，用户可以根据自己的需要进行选择，例如当需要将 SketchUp 建立的模型导出以便于在 Lumion 中进行效果图渲染时，可选择导出为"三维模型"中的 *.dae 文件；当需要将 SketchUp 模型直接导出为平立面或效果图以便于在 Photoshop 中进行后期处理时，可选择导出为"二维图形"中的 *.bmp 或 *.jpg 等格式的图像文件。默认情况下，导出的图像大小与当前视图相吻合，当需要导出分辨率更高的图纸图像时，可在输出二维图形对话窗口单击"选项"，在弹出的窗口中将"使用视图大小"勾选项取消，并输入所需的宽度和高度数值即可，如图 1-226 所示。

图 1-226　修改导出图像大小

1.7　常用插件使用方法

在 SketchUp 中，插件可以在线条绘制、模型控制、视图管理等方面提供扩展工具，使用户更加方便快捷地完成所需任务。由于 SketchUp 插件种类繁多，本书篇幅有限，无法全部讲述，本章将选取其中几个相对重要且常用的命令和工具进行讲解。

1.7.1　SUAPP 插件

SUAPP 是目前 SketchUp 平台上使用最为广泛的扩展插件集，其中涵盖了大量专业中文插件，且安装方便，稳定性和兼容性较好。安装完成后，打开 SketchUp 并设置，软件界面会出现如图 1-227 所示的工具栏。

图 1-227　SUAPP 基本工具栏

在 SUAPP 插件中集合了针对 SketchUp 的多种插件操作，种类繁多，下面只选取其中一些在景观设计中经常使用到的命令进行讲解。

1.7.1.1 生成面域

生成面域工具 ⬭ ，是SUAPP中非常实用且常用的工具之一，主要用于对选择集中的封闭图形做封面处理，在完成AutoCAD图形并导入SketchUp后，可以使用该命令对线进行自动封面处理，达到提高封面效率的目的。

在使用时，可先将需要封面的线条进行选择，如图1-228所示，然后直接在SUAPP工具条中单击生成面域工具 ⬭ ，系统会自动进行运算并闭合封面，如图1-229所示。

图1-228　选择对象

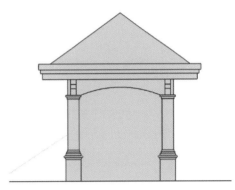
图1-229　完成封面

1.7.1.2 划动翻转

在SketchUp中的模型有正面和反面的区别，白色表示正面，灰蓝色表示反面，在建模过程中用户要合理区分使用，尽量保证正面朝向相机，以免在导入第三方软件渲染时出现材质问题。当在模型中出现大量反面面向相机的情况时，可以使用SUAPP中的划动翻转工具 ⬐ ，快速将鼠标划过的反面自动翻转为正面。

1.7.1.3 焊接线条

焊接线条工具 ⬭ ，可批量将多个连续的线条焊接为单条完整的线条，使用时，可先选择所需焊接的线条，然后单击工具即可完成。

1.7.1.4 路径阵列

路径阵列工具 ⬭ ，可以将选择的组件沿所需的曲线路径进行阵列复制，在景观建模中非常实用。

示例1-9 ▶ 沿曲线道路进行路径阵列

① 使用"圆弧"工具绘制曲线道路，如图1-230所示。

② 沿其中一侧曲线道路边线向内偏移出曲线路径，并将其全部选定，单击SUAPP中的"焊接线条"工具 ⬭ ，完成曲线路径的焊接，如图1-231所示。

③ 导入植物模型组件，并将其放置到曲线路径起点位置，如图1-232所示。

④ 选择曲线路径，然后单击SUAPP中的"路径阵列"工具 ⬭ ，之后单击选择需要阵列的植物组件，并输入阵列间距6m，即可完成路径阵列，如图1-233所示。

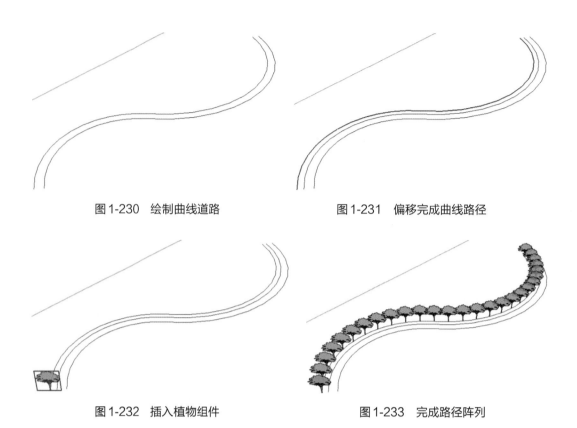

图1-230　绘制曲线道路　　　　　　　　　图1-231　偏移完成曲线路径

图1-232　插入植物组件　　　　　　　　　图1-233　完成路径阵列

1.7.1.5　镜像物体

镜像物体工具 ，可以将选择的物体沿指定的镜像点进行镜像，选择要镜像的物体后，单击镜像物体工具，选择所需镜像点，即可完成物体镜像，如图1-234所示。

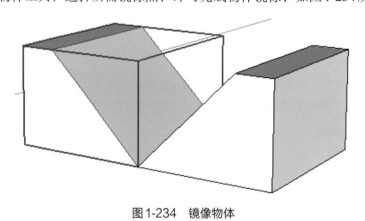

图1-234　镜像物体

1.7.1.6　选同组件

选同组件工具 ，可以快速将模型中相同的组件进行快速选择，使用时可先选择其中一个组件，然后单击选同组件命令即可完成。

1.7.2　贝兹曲线插件

贝兹曲线插件（BezierSplines）是在SketchUp 2018中绘制曲线时常用到的插件集，使用这些工具可以创建自由度更高且便于修改的贝兹曲线，安装并设置完成后，软件会打开如图 1-235 所示的贝兹曲线工具栏。

图 1-235　贝兹曲线工具栏

在这些工具中，经常使用到的工具有：

1.7.2.1　经典贝兹曲线

使用经典贝兹曲线工具 ，可以通过指定起点、终点及中间控制点的方式，来创建贝兹曲线。单击工具后，指定起点，并拖动鼠标至终点处单击，如图 1-236 所示；之后拖动鼠标控制曲线方向，并单击放置中间控制点，如图 1-237 所示；随后还可以继续拖动鼠标进行其它控制点的放置，完成后双击鼠标，即可结束绘制，如图 1-238 所示。

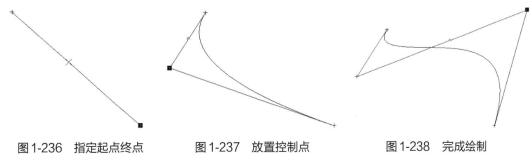

图 1-236　指定起点终点　　　　图 1-237　放置控制点　　　　图 1-238　完成绘制

1.7.2.2　贝兹曲线的编辑

用户在完成贝兹曲线的绘制后，可以通过多个编辑工具对贝兹曲线进行编辑，首先选择贝兹曲线，然后单击编辑工具 进入编辑状态。

（1）编辑工具

选择贝兹曲线并单击编辑工具 后，会自动进入编辑状态，用户可对贝兹曲线的起点、中点和控制点进行拖动编辑，完成修改。

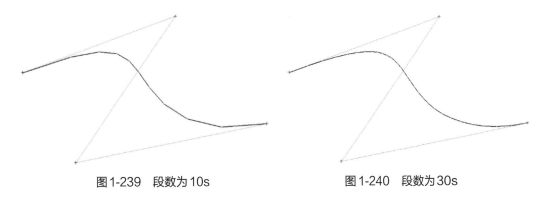

图 1-239　段数为 10s　　　　　　　　　图 1-240　段数为 30s

（2）顶点标记工具

进入贝兹曲线编辑状态后，可单击顶点标记工具 ，会显示贝兹曲线的顶点，用户可通过键盘输入的方式改变贝兹曲线的段数，以控制其圆滑程度，如需要30段则输入30s，如图1-239和图1-240所示分别为10s和30s的显示状态。

（3）曲线闭合工具 ⌒ 和直线闭合工具 ◁

利用曲线闭合工具 ⌒ 和直线闭合工具 ◁ 可自动在贝兹曲线的起点和端点之间绘制曲线或直线，并将其闭合，如图1-241和图1-242所示分别为曲线闭合和直线闭合的效果。

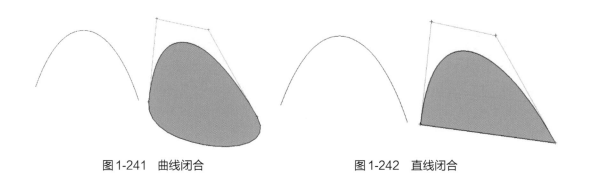

图1-241　曲线闭合　　　　　　　图1-242　直线闭合

1.7.2.3　多段线

使用多段线工具 ⋏ ，可绘制连续的直线段，其效果类似于AutoCAD中的多段线命令，使用SketchUp 2018中的"直线"工具绘制的直线段，每一条都是独立的，而使用"多段线"工具绘制的直线段则会焊接在一起。

1.7.2.4　其它

在贝兹曲线工具栏中还有其它很多插件工具，这些工具可以在不同方面提供更多的贝兹曲线绘制和修改选项，用户可根据情况自行了解学习。

1.7.3　起泡泡曲面插件

起泡泡曲面插件（Soap Skin Bubble），是一个制作建筑张力结构的气动拉紧表面工具，在景观中常用来制作张拉膜结构等曲面模型。安装完成后，在SketchUp 2018中可打开其工具栏，如图1-243所示。

图1-243　起泡泡工具栏

1.7.3.1　生成表面

生成表面工具 🖱 ，是根据函数自动计算绘图区的线框来生成的一个网格面，并可以设置细分。

示例1-10　绘制线框并生成曲面

① 使用"圆弧"工具或"贝兹曲线"插件工具绘制如图1-244所示的闭合线框。

② 将线框选中，并单击生成表面工具 🖱 ，系统会自动根据线框生成网格平面，如图1-245所示。

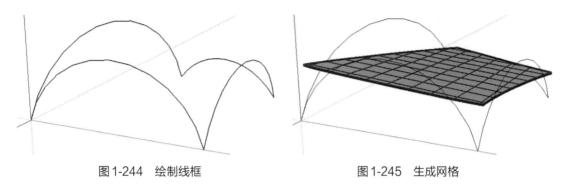

图1-244　绘制线框　　　　　　　　　　　　图1-245　生成网格

③ 如果需要生成的曲面更加平滑，可输入调整其细分网格，例如输入20后按回车键确认，生成更加细致的网格面，如图1-246所示。

④ 确认无误后，按下回车键执行，模型会自动生成膜结构曲面，如图1-247所示。

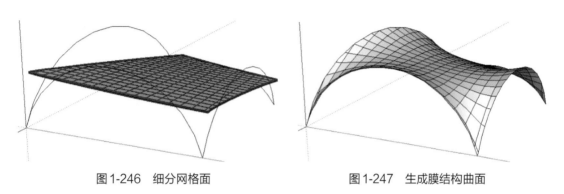

图1-246　细分网格面　　　　　　　　　　　图1-247　生成膜结构曲面

1.7.3.2　应力设置

通过选择生成的曲面，并单击应力设置工具 ，可在0.01至100之间输入数值，来调整曲面的凹陷程度，如图1-248和图1-249分别显示数值为0.1和80时的不同效果。

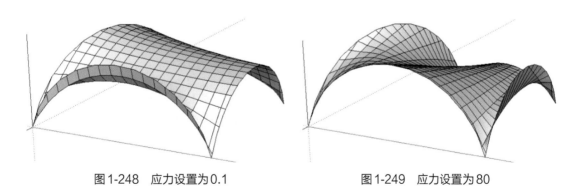

图1-248　应力设置为0.1　　　　　　　　　　图1-249　应力设置为80

1.7.3.3　压力设置

通过选择生成的曲面，并单击压力设置工具 ，可输入数值来控制曲面的膨胀或收缩程度，例如输入50后按回车键确认，曲面会自动膨胀如图1-250所示；输入-50后按回车键确认，曲面会自动收缩如图1-251所示。

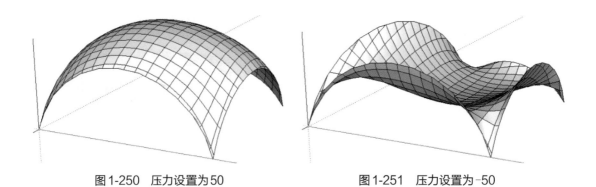

图1-250　压力设置为50　　　　　　　　图1-251　压力设置为-50

1.7.4　其它插件

在SketchUp 2018中，各类不同的插件工具还有很多，例如1001bit pro建模插件集、ZorroSlice工具、边线处理工具等，用户可以根据自己的需要，选择并学习这些插件工具的使用方法，可在一定程度上提高SketchUp建模的工作效率。

1.8　SketchUp 2018景观应用案例

在景观专业中，SketchUp 2018的应用非常广泛，常用来进行建模，并在增加材质和组件后，导出为平面图、立面剖面图或效果图等，也可以进行分析性图纸的绘制，在SketchUp 2018中建立的模型还可以导入Lumion中进行进一步的效果图和动画的后期调整。

本案例以一特色跌水景墙为基础，将其导入至SketchUp 2018中进行建模，并完成如图1-252所示的效果图。通过本案例，用户可以对SketchUp 2018中的主要工具和命令进行熟悉掌握，并了解景观建模和效果图表现的基本方法和流程。

图1-252　案例——跌水景墙效果图

1.8.1 建模前的准备工作

在使用SketchUp 2018进行跌水景墙的建模工作前，需要完成几项相关的准备工作，例如需要在AutoCAD中进行方案图形的整理，需要对SketchUp 2018的工作界面和系统进行相应的设置，需要准备所需的材质和组件素材等。

1.8.1.1 AutoCAD中的图纸整理

在使用SketchUp 2018进行方案图形的导入和建模前，需要将AutoCAD进行适当的整理，主要的目的是删除AutoCAD中不需要的线条、尺寸、标注等，简化图形信息，如果方案图形较为复杂，还需要进行标高的统一、图层的分类、图线的清理等。本案例中跌水景墙的AutoCAD图纸较为简单，只需要将尺寸标注、文字和填充等不需要的信息删除即可。

1.8.1.2 SketchUp 2018中的系统设置

对SketchUp 2018的系统设置主要包括工作界面模板的选择和布置、单位尺寸等的设置、各类常用插件的安装等，这些工作将会使接下来的建模工作更加轻松、规范和便捷。

1.8.1.3 常用材质和组件素材的准备

SketchUp 2018中默认提供了部分材质和组件素材，如果需要，用户也可以将自己常用到的材质库和组件库进行导入，方便后续的工作。在本案例中，使用了如图1-253中所示的材质和组件模型素材。

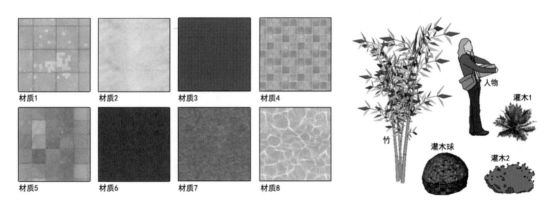

图1-253 案例中使用到的材质和组件素材

1.8.2 CAD的导入与建模

① 打开SketchUp 2018，选择菜单栏"文件"—"导入"，打开导入对话框，将右下角的文件类型选择为"AutoCAD文件"，并选择已经整理好的AutoCAD图纸，如图1-254所示；单击"选项"，打开"导入"选项对话框，将"几何图形"菜单栏中的两项选项设置进行勾选，并确保单位与Auto CAD图纸保持一致即"毫米"，如图1-255所示。

图1-254 "导入"对话框

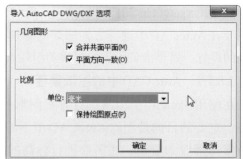
图1-255 "导入AutoCAD DWG/DXF选项"对话框设置

② 设置完成后单击"确定"并完成AutoCAD导入，系统会自动将文件导入到SketchUp 2018中，图形文件会以线条的方式进行显示，如图1-256所示。

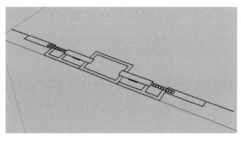
图1-256 导入AutoCAD线框

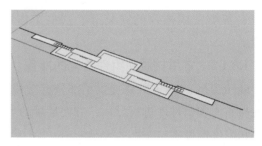
图1-257 完成封面

③ 在完成AutoCAD线框的导入后，需要对其进行封面处理，从而利于后续的建模。在SketchUp 2018中进行封面处理是建模开始前非常重要也是非常繁琐的一件工作，特别是针对复杂的设计图形时，最有效的方式是安装封面插件，如SUAPP插件库中的"生成面域"命令等。使用时，可将需要封面的线框进行选择，然后单击SUAPP工具栏中的"生成面域"命令 ◇ 即可，如图1-257所示为封面完成后的效果（如果生成的面为深色显示，表示此面为反面，需要右击选择"反转平面"）。

④ 选择中心花坛部分前半部分，如图1-258所示，右击选择"创建群组"，再次右击选择"创建组件"并确认。双击鼠标左键进入群组编辑，并按快捷键P激活推拉工具，将花坛的池壁向上推拉450，尺寸可参见AutoCAD中的立面图，完成如图1-259所示效果。

⑤ 选择花坛的外侧轮廓边线，并依次向下复制移动60和20的距离，如图1-260所示。

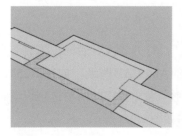
图1-258 选择对象并群组

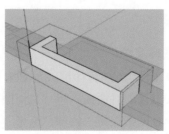
图1-259 推拉出高度

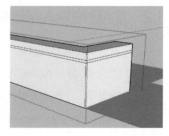
图1-260 复制边线

⑥ 使用推拉工具，将花坛的池壁内沿全部向内侧推拉距离20，并将产生的多余废线进行删除，如图1-261所示。

⑦ 继续使用推拉工具，将中心花坛的池壁下半部分向内侧推拉距离40，完善花坛细节，如图1-262所示。由于对中心花坛池壁的细节添加，导致其与周边的水池出现部分连接错位，如图1-263所示。

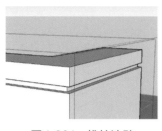
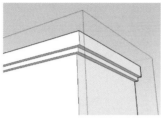
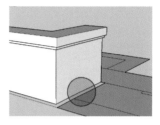

图1-261　推拉池壁　　　　图1-262　完成细节　　　　图1-263　出现错位

⑧ 对出现的错位部分进行修正，通过增加连接线和删减多余线，完成对错位部分的修正，如图1-264所示。

⑨ 参照AutoCAD图中的中心花坛面层材料尺寸，使用直线工具，添加并完善花坛的材料分隔线，完成中心花坛前半部分的绘制，如图1-265所示。

⑩ 将完成的花坛部分进行复制，并右击复制的对象，在快捷菜单中选择"翻转方向"—"组件的绿轴"，之后将其移动至中心花坛的后半部分，并修正图形和对齐位置，完成如图1-266所示的效果。

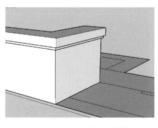
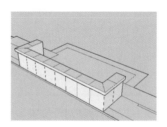
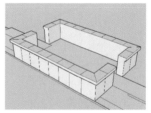

图1-264　修正错位　　　　图1-265　添加材料分隔线　　　　图1-266　复制完成

⑪ 使用推拉工具，完成中心花坛中内部种植土部分，厚度距离380，如图1-267所示。

⑫ 选择中心花坛右侧的高景墙部分，如图1-268所示，右击选择"创建群组"，再次右击选择"创建组件"。双击进行群组，并使用推拉工具，将景墙向上推拉距离1600，完成如图1-269所示。

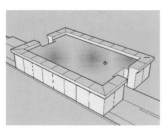
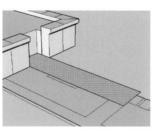
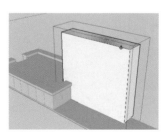

图1-267　完成种植土部分　　　　图1-268　选择对象并群组　　　　图1-269　推拉出景墙高度

⑬ 选择景墙顶面的四条边线，依次向下复制距离250和20，并总计完成五组，完成如图1-270所示。

⑭ 将景墙表面的分隔凹槽向内推拉距离10，如图1-271所示，并以同样方式完成其它凹槽部分。

⑮ 参照AutoCAD图中的景墙面层材料尺寸，使用直线工具，添加并完善景墙的材料分隔线，如图1-272所示。

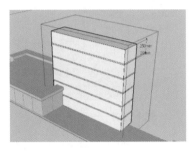
图1-270 复制边线

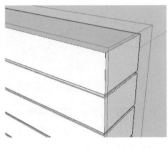
图1-271 完成凹槽细节

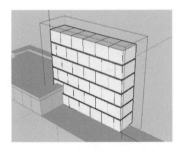
图1-272 添加材料分隔线

⑯ 选择景墙出水口平面，如图1-273所示，将其进行群组并创建组件。双击进入群组，选择并向上移动距离1080，如图1-274所示。

⑰ 使用推拉工具向下推拉距离50，如图1-275所示。

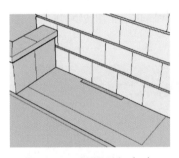
图1-273 选择对象（1）

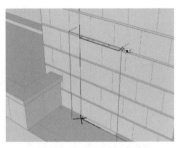
图1-274 移动对象位置

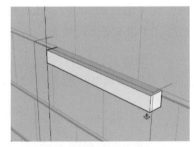
图1-275 推拉对象（1）

⑱ 全部选择另外一个景墙平面，如图1-276所示，并对其进行群组和创建组件，双击进入群组编辑，分别将景墙的两个部分向上推拉1300和1280，完成如图1-277所示。

⑲ 参照AutoCAD图中的面层材料尺寸，使用直线工具，添加并完善景墙的材料分隔线，如图1-278所示。

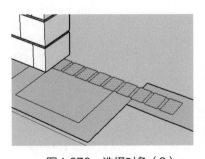
图1-276 选择对象（2）

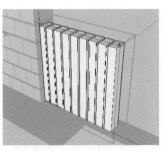
图1-277 推拉对象（2）

图1-278 添加材料分割线

⑳ 选择最右侧的矮景墙平面，如图1-279所示。

㉑ 对矮景墙进行群组和创建组件，双击鼠标左键进入群组，将其向上推拉450，如图1-280所示。

㉒ 参考中心花坛做法进行细节添加（可参考步骤⑤～步骤⑦），完成效果如图1-281所示。

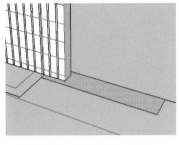
图1-279　选择对象（3）

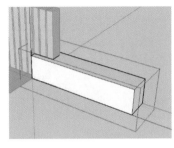
图1-280　推拉对象（3）

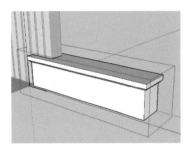
图1-281　添加细节

㉓ 参照AutoCAD图中的面层材料尺寸，使用直线工具，添加并完善材料分隔线，如图1-282所示。

㉔ 选择剩余的水池和花坛平面，如图1-283所示，将其进行群组并创建组件。

㉕ 双击鼠标左键进入群组，将水池平面向下推拉距离300的深度，完成池底，如图1-284所示。

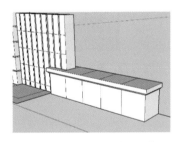
图1-282　添加材料分隔线

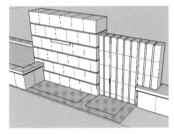
图1-283　选择对象（4）

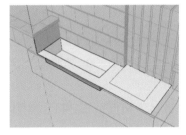
图1-284　完成水池池底

㉖ 选择池底平面，并向上沿Z轴复制距离200，完成水池水面，如图1-285所示。

㉗ 选择水池右侧的花坛平面，并将其向下推拉距离50，将遮挡的表面删除，并通过删除废线、反转平面等操作，完成细节调整，如图1-286所示。

㉘ 参照AutoCAD图中的面层材料尺寸，使用直线工具，添加并完善水池和花坛的材料分隔线，如图1-287所示。

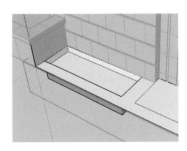
图1-285　完成水池水面

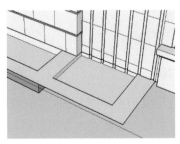
图1-286　推拉对象（4）

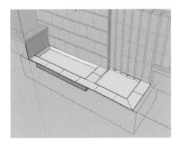
图1-287　完善细节

㉙ 选择完成的三段景墙、出水口和水池花坛，并将其进行复制，如图1-288所示。

㉚ 右击复制出的对象，在快捷菜单中选择"翻转方向"—"红轴方向"，完成镜像，将其移动至所需位置并对齐，完成如图1-289所示效果。

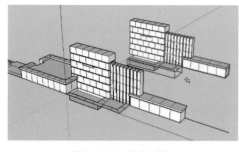

图1-288　复制对象

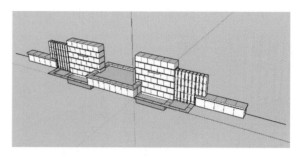

图1-289　镜像并对齐

㉛ 使用直线工具，绘制添加模型中前面的铺装和后面的草地部分，如图1-290所示。

㉜ 补充完善模型细节，如路缘石、出水口流水造型等，如图1-291所示。

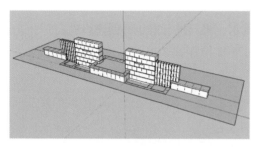

图1-290　添加铺装、草地平面

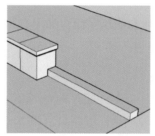
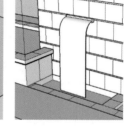

图1-291　完善路缘石、流水造型

1.8.3　材质、组件的添加和图纸导出

① 按快捷键B打开工作区右侧的"材料"面板，选择材质素材中的"材质1"，并单击模型中的地面铺装部分，完成铺装材质的赋予，如图1-292所示。

② 同样方法，将材质素材中的"材质7"赋予到模型中的草坪部分，如图1-293所示。

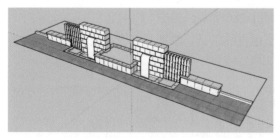

图1-292　赋予铺装材质

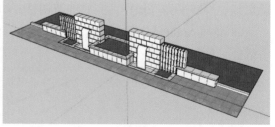

图1-293　赋予草地材质

③ 将材质素材中的"材质2"赋予到如图1-294所示的花坛和景墙中，对群组或组件中的对象赋予材质时，可先左键双击模型物体进入群组，再对所需对象进行材质添加。

④ 使用同样方法，将材质素材中的其它材质分别赋予到模型中的相应对象上，对于需

要修改的材质，可通过"材质"面板中的"编辑"选项，对其颜色、比例、透明度等进行调整，也可以右击需要编辑的材质，在弹出的快捷菜单中选择"纹理"—"位置"，对材质进行缩放、旋转、变形等操作，材质赋予完成后的效果如图1-295所示。

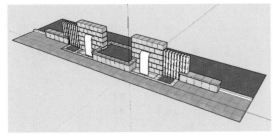

图1-294 赋予景墙材质

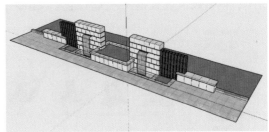

图1-295 完成材质添加

⑤ 打开工作区右侧的"组件"面板，单击组件素材中的"竹"，并将其复制放置到如图1-296所示的位置。

⑥ 同样的方式，添加其它组件素材，完成如图1-297所示效果。

图1-296 添加组件"竹"

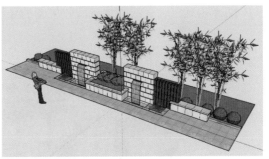

图1-297 组件添加完成

⑦ 调整所需视图角度，打开工作区右侧的"风格"面板，在"预设风格"中选择"建筑施工文档样式"，如图1-298所示，使模型背景全部变为白色，并突出模型物体。

⑧ 单击菜单栏"视图"—"边线样式"，只将其中的"边线"勾选，其余取消勾选，如图1-299所示，使导出图纸时边线更加细致。

⑨ 打开工作区右侧的"阴影"面板，调整"时间""日期"等选项，使模型投影符合所需，如图1-300所示。

图1-298 风格设置

图1-299 边线样式设置

图1-300 阴影设置

⑩ 单击菜单栏"文件"—"导出"—"二维图形",在弹出的窗口中选择要保存图纸的路径,输入文件名称,如图1-301所示。

⑪ 单击窗口中的"选项"按钮,在弹出的窗口中输入所需保存的图像大小,如图1-302所示,像素数值设置越大,文件越大,清晰度越高。

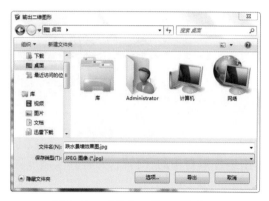

图1-301　"输出二维图形"窗口

图1-302　设置图像大小

⑫ 单击确定,完成跌水景墙效果图的导出,效果如图1-303所示。

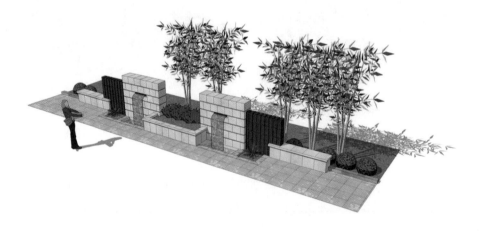

图1-303　跌水景墙效果图完成

第2章

Lumion 核心命令使用要点

概述：本章主要讲述 Lumion 的主要工具和命令的使用方法和操作技巧，重点讲解如何将 SketchUp 模型文件导入 Lumion 软件，并通过在 Lumion 中的场景设置、材质替换和物品组件添加等操作，完成高质量的园林景观效果图渲染。同时，也对 Lumion 的天气系统、景观系统和动画制作等内容进行适当讲解。在学习过程中，用户需要重点掌握软件的视角操作方式、模型导入流程，材质、物品的添加技巧和效果图、动画的导出方法等内容。

2.1 Lumion基础知识

Lumion基础知识包括Lumion的工作界面介绍、文件的基本操作、视角操作和系统设置等，用户对于这些基础知识的了解和掌握有利于对后续命令和工具的学习，并为景观效果图和动画的渲染制作打好基础。

2.1.1 Lumion 8.0工作界面介绍

2.1.1.1 软件启动

在完成软件安装后，双击桌面的Lumion 8.0图标即可打开软件。软件默认初始为如图2-1所示的新建场景界面，在此界面中，Lumion 8.0提供了多种不同环境类型的默认界面，用户可在其中根据所需选择场景，单击即可进入该新建场景。

图2-1　新建场景

2.1.1.2 场景初始界面

单击选择任意新建场景后，会打开该场景的初始工作界面，选择不同的新建场景，进入的工作初始界面会有所不同，如图2-2和图2-3所示分别为进入场景"Hill"和"Mountains in Spring"后的不同界面。虽然场景不同，但软件的工作界面命令组成是统一的，如图2-4所示为Lumion 8.0工作界面的基本组成情况。

图2-2　场景"Hill"

图2-3　场景"Mountains in Spring"

图2-4　Lumion 8.0工作界面

2.1.1.3 图层

在Lumion 8.0中可以方便地使用图层，将模型中的物体进行分层归类，并方便进行显示与隐藏控制，便于后期修改和图像导出。

2.1.1.4 四大功能选项

在Lumion 8.0中共有四个大的功能选项，默认出现在工作区的左侧，包括天气、景观、材质和物体。单击这四个功能选项的图标时可进行功能切换，同时左下角的功能命令面板也会做相应的切换。

在"天气"功能选项中，用户可对场景中的太阳方位、高度、亮度进行调整，还可以控制云彩的类型和数量等，如图2-5所示；在"景观"功能选项中，用户可以选择系统预设的景观模板，并对其进行地形、水体、草地等景观细节的调整和丰富，如图2-6所示；在"材质"功能选项中，用户可以通过材质编辑器对模型中的各个部分进行材质的替换与更新，如图2-7所示；在"物体"功能选项中，用户可以导入模型、放置各类物体，并通过扩展命令，调整物体的位置、大小、旋转角度等属性，如图2-8所示。

图2-5 "天气"命令面板

图2-6 "景观"命令面板

图2-7 "材质"命令面板

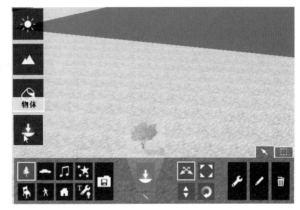

图2-8 "物体"命令面板

2.1.1.5 场景信息

当鼠标在窗口右上角的模型信息区悬停时，系统会自动显示出与场景相关的信息，如场景中的模型数量、树和植物的数量、当前显示的帧率等。

2.1.1.6 文件与模式

文件与模式栏，可使用户在编辑模式、拍照模式、动画模式间，切换工作空间。编辑模式，是Lumion 8.0最常用的工作空间模式，用户可对模型空间中的材质、物体组件、地形和天气等内容进行编辑。拍照模式，用于为模型场景添加特效并导出效果图。动画模式，可为模型场景添加特效，并进行动画的编辑和导出。在文件选项下，用户可以进行新建场景、载入场景、保存场景等操作。

2.1.2 文件基本操作

在Lumion 8.0编辑模式下，单击工作界面右下角的"文件"按钮 🖫 ，会弹出文件界面，如图2-9所示。用户可通过单击标签按钮，在新建场景、示例场景、载入场景、保存场景、载入场景及模型、保存场景及模型间切换。

2.1.2.1 新建场景

在"文件"界面单击"新建场景"按钮 ，会打开如图2-9所示的界面，用户可单击界面中任一场景类型图标，选择Lumion 8.0提供的默认场景类型，进入场景进行所需的编辑操作。这些默认场景包括：Plain（简单场景）、Sunset（黄昏场景）、Night（夜晚场景）、Mountain Range（山地场景）、Hill（丘陵场景）、Mountains in Spring（春天的山地场景）、Islands（岛屿场景）、Desert Mountains（沙漠山地场景）、White（白色场景）。

2.1.2.2 示例场景

单击"示例场景"按钮 ，会打开如图2-10所示的界面，用户在此界面可选择并进入Lumion 8.0中提供的默认示例场景。

图2-9　新建场景界面

图2-10　示例场景界面

2.1.2.3 保存场景

单击"保存场景"按钮 ，会打开如图2-11所示界面，用户可在名称处输入要保存的场景名称，并单击后面的白色对钩图标 进行保存，如果后面显示为红色对钩 ，则表示当前场景文件名称已经存在，此时单击则会覆盖该名称的场景文件。此种保存模式适合于在当前本地电脑进行的场景编辑，当需要将文件拷贝至其它电脑编辑时，此种保存模式无效。

2.1.2.4 载入场景

单击"载入场景"按钮 ，会打开相应的界面，用户只需在其中选择需要载入的场景文件并单击即可。

2.1.2.5 保存场景及模型

当需要将场景和模型文件进行导出，并便于传输至其它电脑进行编辑时，需要单击"保存场景及模型"按钮 ，此时系统会打开如图2-12所示界面，用户可在此界面单击"保存场景及模型"，系统会出现另存为对话窗口，用户只需选择保存路径和文件名称即可完成场景和模型的导出。

图2-11　保存场景界面

图2-12　保存场景及模型界面

2.1.2.6 载入场景及模型

单击"载入场景及模型"按钮 🖷，系统会打开相应界面，用户可在其中选择需要载入或合并的场景及模型，找到文件所在位置打开即可。

2.1.3 视角操作

在Lumion 8.0中，视图和视角的操作没有独立的命令和工具，而是完全通过鼠标和键盘来执行，对于初学者来说，这是学好该软件的第一步。

2.1.3.1 旋转视角

当用户需要在场景中旋转视角时，可按下鼠标右键并移动即可完成。

2.1.3.2 移动视角

在Lumion 8.0中，视角的移动是通过键盘的按键来完成的。按下W键，视角前进；按下S键，视角后退；按下A键，视角左移；按下D键，视角右移；按下Q键，视角上升；按下E键，视角下降。

2.1.3.3 复合移动视角

当需要进行复合视角的移动时，同时按下所需移动方向对应的按键即可，例如需要向右前方移动视角时，可同时按下W键和D键；当需要向左后上方移动时，则可同时按下A键、S键和Q键。

2.1.3.4 快速或慢速移动视角

当按下对应的按键进行前后左右或上下的移动时，视角会以系统默认的速度进行移动，当场景中的物体距离视角较远时，这种普通的移动速度则会变得非常缓慢，此时可在按住Shift键的同时进行移动，会让移动速度加倍，如果在按住Shift键和空格键的同时进行移动，则会使视角以最高的速度进行移动。

当需要以更慢的速度进行视角移动时，用户可在按下空格键的同时进行移动即可。

2.1.3.5 移动视角与旋转视角的结合

在视角操作的实际应用过程中，单纯的移动视角或旋转视角并不能提高视图操作的效率，更合理的方式是，在使用按键进行移动视角的同时，按下鼠标右键进行旋转，两者的结合可使视图和视角的操作变得更加灵活和高效。

2.1.4 系统设置

在Lumion 8.0工作界面中，单击右下角的"设置"按钮 ⚙ ，会打开系统设置界面，如图2-13所示，用户可在此进行软件的相关设置。

图2-13 系统设置界面

2.1.4.1 设置选项

在系统设置界面，可通过6个选项图标来控制软件的相关设置，它们分别代表：

① "在编辑模式下显示高质量植物" 🪴，快捷键为F9，在此模式处于打开时，场景中的植物组件显示质量更高，但也会占用更多的计算机资源。

② "开启/关掉绘图板" ✏️，用于切换外接手绘板的打开或关闭。

③ "翻转摄像机平移时的上下方向" 🖱️，用于控制鼠标右击旋转时的上下翻转顺序。

④ "在编辑模式下显示高质量地形" ⛰️，快捷键为F7，在此模式处于打开时，场景中的地形显示质量更高，同样会占用更多的计算机资源。

⑤ "限制所有贴图尺寸" 🖼️，用于节省内存使用量。

⑥ "静音" 🔇，可控制在编辑模式下是否开启声音。

2.1.4.2 编辑器质量

共有4颗五角星显示，分别对应场景显示质量的低、中、高、超高，在编辑模式中，也可以直接按下快捷键F1切换至低品质显示，F2切换至中等品质显示，F3切换至高品质显示，F4切换至超高品质显示。用户可根据实际情况进行切换，越高的品质会占用越高的系统资源，如图2-14为低品质下的显示效果，图2-15为超高品质下的显示效果。

图2-14 低品质显示效果　　　　　　图2-15 超高品质显示效果

2.1.4.3 编辑器分辨率

可在自动、25%、50%、66%和100%之间切换，分辨率越高，场景显示越清晰，占用系统资源越高，系统默认为100%。

2.1.4.4 单位设置

用于在米制和英制间切换，国内使用默认为米制。

技巧提示

○ F1～F4可用于切换场景显示的品质，当用户电脑配置较低时，可使用F1或F2的中低品质进行编辑，需要导出图纸时，再切换至高品质即可。

○ F7和F9分别用于控制地形和植物的显示质量，当未使用高品质时，只会影响编辑视图场景的预览品质，并不会影响使用拍照模式导出图像的清晰度。

2.2 天气与景观功能

Lumion 8.0中的天气功能用于调整场景中的太阳方位、高度和云层等信息，可以控制场景的天气状态；景观功能可以通过改变场景的地形地貌，来控制场景中的山、水、草地等的构成状态，并可调整地形的高度等。

2.2.1 天气功能

单击Lumion 8.0工作界面左侧的"天气"功能按钮 ☀，会出现如图2-16所示的功能命令面板，面板中的各项功能主要包括：太阳高度、太阳方位、云彩密度、云彩类型、太阳亮度。

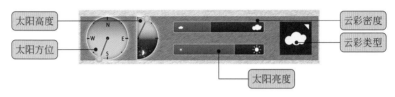

图2-16 "天气"功能面板

2.2.1.1 太阳方位

用户通过移动太阳方位表盘当中的红色指针位置，来控制太阳在天空中东、西、南、北的位置方位，在景观效果图及动画中，通过方位的调整，可以控制场景中的投影方向。

2.2.1.2 太阳高度

用户通过移动太阳高度扇形表盘中的红色指针位置，来控制太阳的高度，并通过高度的变化为场景带来时间的变化，例如指针位于扇形的上半部分表示白天，如图2-17所示；下半部分表示夜晚，如图2-18所示；中间位置表示黄昏，如图2-19所示。

图2-17 白天效果　　　　图2-18 夜晚效果　　　　图2-19 黄昏效果

2.2.1.3 太阳亮度

用户通过控制太阳亮度控制条 ▮▮▮▮ 中的位置变化，可以改变场景的亮度，与太阳高度可以配合使用，靠近左侧小太阳图标，亮度变低，靠近右侧大太阳图标，亮度变高。

2.2.1.4 云彩类型

通过单击云彩类型图标 ☁，可打开系统默认的云彩选择界面，用户可在其中选择所需类型，单击即可。

2.2.1.5 云彩密度

通过控制云彩密度控制条 中的位置变化，可以改变场景中云彩的数量，靠近左侧小云彩图标，云彩数量变少，靠近右侧大云彩图标，云彩数量变多。

> **技巧提示**
>
> ○ 天气功能中的太阳方位选项，在园林景观效果图表现中主要用于调整场景物体的投影方向，出图时尽量调整场景中的物体处于受光面，从而保证画面的明亮清晰。
>
> ○ 将太阳高度和太阳亮度配合使用，调至夜晚，并结合灯光的布置，可用于表现园林景观设计中的夜景效果。

2.2.2 景观功能

单击Lumion 8.0工作界面左侧的"景观"功能按钮 ，会出现如图2-20所示的功能命令面板，面板中的各项功能主要包括：高度、水、喷绘、海洋、地形、草地。

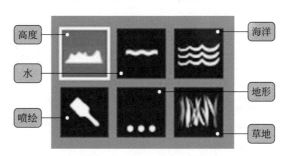

图2-20 "景观"功能面板

2.2.2.1 高度

单击"高度"功能图标 ，在右侧会显示该功能下的各项工具，如图2-21所示，通过该组工具，可根据需要选择所需的地貌，并通过对地形高度的提升、降低、平整、起伏和平缓等操作，完成所需的地形高度变化。

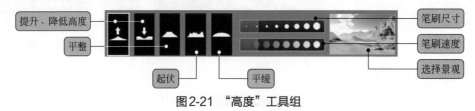

图2-21 "高度"工具组

在"高度"工具组中，主要工具的使用要点如下：

（1）提升高度

可根据所选择的笔刷尺寸和笔刷速度，对场景中鼠标单击点的位置进行高度的提升，如图2-22所示为提升高度前和提升高度后的效果对比。

（2）降低高度

可对单击点的位置进行高度的降低，如图2-23所示为降低高度后的效果。

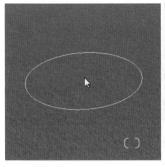

图2-22　提升高度前和提升高度后对比　　　　图2-23　降低高度

（3）平整

可根据所选择的笔刷尺寸和笔刷速度，对提升或降低的地形进行地形平整，形成相对平坦的区域，如图2-24所示。

（4）起伏

对鼠标单击点的位置进行随机的高度提升或降低，创建更加多变的地形，如图2-25所示。

（5）平缓

对于已经提升或降低的地形，可以通过平缓工具将其坡度变缓，消除地形提升或降低时带来的突兀感，使得地形变化更加柔和自然，如图2-26所示。

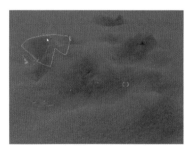

图2-24　平整地形　　　　图2-25　起伏　　　　图2-26　平缓

（6）笔刷尺寸

用于控制进行地形处理时笔刷的大小，笔刷越小，在地形处理时的圆形范围就越小，可控区域就越小，反之亦然。

（7）笔刷速度

用于控制地形处理时，所控区域的反应速度，速度越快，地形处理形成的时间越短。

（8）选择景观

单击"选择景观"的预览图，可打开选择景观预设界面，用户可以在预设的景观地貌场景中，选择自己所需的风格，如图2-27所示为不同地貌下的不同景观效果。

图2-27　不同景观地貌下的效果

2.2.2.2　水

单击"水"功能图标 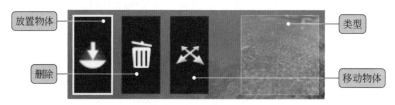，右侧会出现该功能下的各项工具，如图2-28所示，通过该组工具可以创建和修改场景中的水体。

放置物体

删除

类型

移动物体

图2-28　"水"工具组

（1）放置物体

使用该工具，可在场景中的所需位置进行单击并拖动来创建水面，如图2-29所示。

（2）删除

使用该命令，可对创建的水面进行删除，当激活该工具后，场景中的水面会出现白色圆点 ◙，对白点进行单击即可完成删除。

（3）移动物体

当创建完成水面时，系统会自动切换至该工具，用户可以通过拖动水面四个角点的图标来完成水面的移动。拖动水面大小调节图标 ⤢，可对水面的大小进行调整，如图2-30所示；拖动水面高度调节图标 ⬍，可对水面的高度进行调整，如图2-31所示。

图2-29　创建水面

图2-30　调整水面大小

图2-31　调整水面高度

（4）类型

单击类型缩略图，系统会出现如图2-32所示的水面预设类型，用户可以根据需要切换水面的类型，包括海洋、热带、池塘、山、污水、冰面等，可与"高度"功能中的"选择景观"类型相结合使用。如图2-33所示为"沙漠景观风貌"与"污水"结合的效果，如图2-34所示为"冰雪景观风貌"与"冰面"结合的效果。

图2-32　水面类型　　　　图2-33　"污水"效果　　　　图2-34　"冰面"效果

2.2.2.3　海洋

单击"海洋"功能图标 ▨，右侧会出现该功能的开关图标 ⏻，按下图标后，会出现如图2-35所示的命令选项，可对海洋的海浪强度、风速、风向、高度、颜色等进行调整。

图2-35　"海洋"选项

海浪强度用于调整海面海浪的大小；风速用于控制海水的流动速度；浑浊度用于控制海水的清澈程度；高度用于控制海面的高低；风向用于调整水流的方向；颜色可用于调整海面和水体的色彩和透明程度。如图2-36所示为不同的选项组合下的海洋状态。

图2-36　不同选项组合下的海洋状态

2.2.2.4　喷绘

单击"喷绘"功能图标 ◣，右侧会出现该功能下的各项工具，如图2-37所示，用户可以在此修改地貌的各类材质细节，满足更广泛的场景地貌需求。

图2-37 "喷绘"选项

通过各类地貌材质的编辑类型，可对场景中的材质进行修改，单击所需编辑材质类型上方的白色箭头 ![箭头]，可弹出对应的材质贴图选择界面，如图2-38所示，在其中可选择需要替换的材质样式，单击即可。

用户还可以通过选择合适的笔刷尺寸和笔刷速度，将选择的材质喷绘到所需修改的位置，完成对材质贴图的局部细节修改，如图2-39所示。

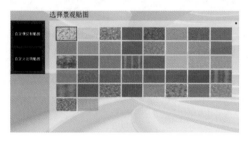

图2-38 选择景观贴图界面

图2-39 局部喷绘

2.2.2.5 地形

单击"地形"功能图标 ![图标]，右侧会出现该功能下的各项工具，如图2-40所示，这些工具从左到右分别是创建平地、创建群山、创建巨山、载入地形贴图、保存地形贴图、开启岩

图2-40 "地形"选项

石、选择景观，通过这些工具，用户可以创建软件默认的平地、群山、巨山的景观地貌，并通过保存地形贴图进行保存，保存过的地形地貌或通过其它软件创建的地形，也可以载入到Lumion 8.0中使用。

2.2.2.6 草地

单击"草地"功能图标 ![图标]，右侧会出现该功能的开关图标 ![图标]，按下图标后，会出现如图2-41所示的命令选项，用户可以对草地的尺寸、高度、野草比例等进行调整，还可以为草地添加其它如植物、花卉、落叶、石头等元素。

图2-41 "草地"选项

草丛尺寸用于控制草地植物的大小；草丛高度用于控制草地的高矮；野草比例用于控制野草的多少。通过单击编辑类型下方的白色箭头 ![箭头]，可打开如图2-42所示的选择界面，用户可单击选择添加草地中的其它所需元素，如图2-43所示为添加部分植物和石头后的草地效果。

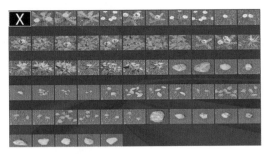

图2-42　选择添加元素

图2-43　草地效果

技巧提示

○ 景观功能用于创建和编辑自然地形，对于大部分的城市园林景观设计来说，此项使用到的频率并不高，一般只用来创建并丰富场景背景。

○ 默认情况下，草地的效果是关闭的，一般在编辑时可以保持默认，只在导出图像时打开草地效果，这样可以减少软件对系统的资源占用，提高运行速度。

2.3　材质功能

Lumion 8.0中的材质功能，用于对导入的模型物体进行材质的添加和替换，可形成更加逼真的材质纹理效果。用户在导入模型物体后，可单击工作界面左侧的"材质"功能按钮 🔆 ，此时会出现如图2-44所示的文字提示，单击所需添加材质的模型物体表面，即可打开材质编辑器进行材质的添加和编辑。

> ⓘ 材质编辑器
> 在一个导入的模型上单击鼠标左键
> 打开材质编辑器

图2-44　文字提示

2.3.1　添加材质

当需要对导入的模型物体进行添加材质时，可先单击"材质"功能按钮 🔆 ，然后将鼠标移动至所需添加材质的物体表面，此时模型表面会高亮显示，并出现物体原有材质的名称，如图2-45所示，单击鼠标，软件会打开如图2-46所示的材质库界面，用户可在其中选择所需的材质，单击即可完成，如图2-47所示。

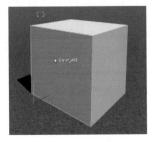

图2-45　选择表面

图2-46　材质库界面

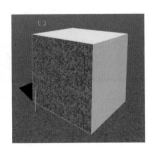

图2-47　完成材质添加

用户可继续依次选择需要添加材质的表面，并使用同样的方法添加材质，完成添加后，单击右下方的白色对钩图标 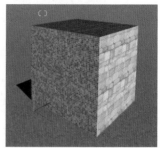 进行材质保存，即可完成材质添加并退出材质功能编辑，如图2-48所示。

当需要对已经添加过的材质进行编辑时，用户可再次选择"材质"功能按钮 ，并重复之前的步骤即可。

图2-48　完成材质编辑

2.3.2　材质介绍

在Lumion 8.0中，系统默认的材质包含了四个大的分类，若干小的分类，每一类别中又包含了不同类型的多种材质，用户在打开的材质库界面中，可通过页面标签，在植物、室内、室外和自定义等四个分类间单击切换，如图2-49所示。

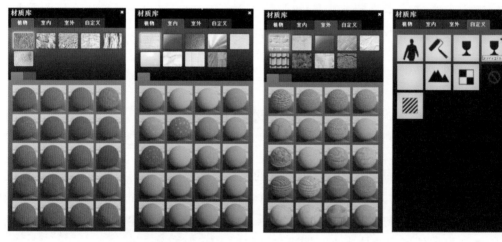

图2-49　默认四类材质：植物、室内、室外、自定义

2.3.2.1　植物

在植物分类材质库中，包含有草地、岩石、土壤、水、瀑布、原木等六个小分类，如图2-50所示，单击每个小的分类图标，会切换打开这些小分类的具体材质预览图。

2.3.2.2　室内

在室内分类材质库中，包含有布、玻璃、皮革、金属、石膏、塑料、石头、瓷砖、木材等多个分类，如图2-51所示，每个分类又有多种不同的材质。

图2-50　植物分类

图2-51　室内分类

2.3.2.3　室外

在室外分类材质库中，包含有砖、混凝土、玻璃、金属、石膏、屋顶、石头、木材、

沥青等多个分类，如图2-52所示，每个分类又有多种不同的材质。

2.3.2.4 自定义

在自定义分类材质库中，用户可以在布告牌、颜色、玻璃、高级玻璃、隐形、景观、照明贴图、使用模型自带材质和标准等分类中进行切换，如图2-53所示。

图2-52 室外分类　　　　　　　　　　图2-53 自定义分类

2.3.3 材质属性

当使用默认材质对模型物体进行添加材质时，该材质的属性会以系统默认的方式进行设置，当用户需要对这些材质的属性进行细节设置时，也可以在Lumion 8.0中进行方便的调整。

2.3.3.1 普通材质

当用户对模型物体赋予如砖、石材、木材等普通材质时，可通过单击材质表面，打开材质属性编辑界面，如图2-54所示，在其中可对材质的着色、光泽度、反射率、凹凸强度、缩小—导入的贴图坐标等选项进行修改。

着色用于调整材质的颜色倾向，如图2-55所示；光泽度用于调整材质表面的平滑光泽情况；反射率用于控制材质的反射程度；凹凸强度用于控制材质的纹理深度；缩小—导入的贴图坐标用于调整材质的规格大小，如图2-56所示。

图2-54 材质属性　　　　图2-55 着色前后效果　　　　图2-56 调整材质大小

通过单击材质属性界面的"设置"图标按钮 ，可分别打开位置、方向、减少闪烁、高级等其它材质属性选项，如图2-57所示。位置可以通过轴偏移改变材质贴图在物体表面的位置；方向可以通过旋转材质调整方向，如图2-58所示；用户还可以调整其它选项，如自发光（图2-59）、饱和度、高光等。

图2-57　更多设置选项

图2-58　方向调整

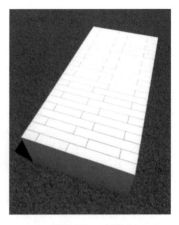

图2-59　自发光

2.3.3.2　水材质

当用户对模型物体赋予水的材质时，其材质属性如图2-60所示，在编辑界面中可对水的水波高度、光泽度、水波尺寸、焦散尺寸、反射率、泡沫等选项进行调整。水波高度用于控制水的波纹高度，如图2-61所示；水波尺寸用于控制波纹的大小尺寸；反射率可以控制水的反射程度；在颜色选项中，还可以对水的颜色等相关内容进行调整，如图2-62所示。

图2-60　水材质

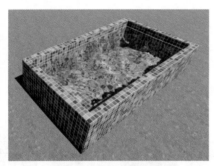

图2-61　水波高度调整

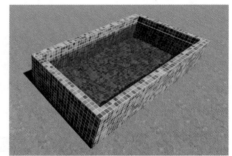

图2-62　水的颜色调整

当用户对模型物体赋予瀑布材质时，其材质属性与水材质相同，可对水波高度、光泽度、颜色等选项进行调整，如图2-63所示。

2.3.3.3　玻璃材质

在系统默认的室内、室外、自定义三个类别中，均能找到玻璃材质，用户可选择其中的预设玻璃材质进行添加，如图2-64所示为添加"室内"—"玻璃"—"室内玻璃-001"后的效果。用户还可以选择其它的预设玻璃材质类型，形成不同的玻璃效果，如图2-65所示。

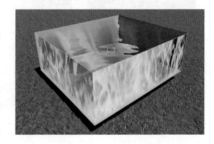

图2-63　瀑布效果

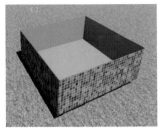
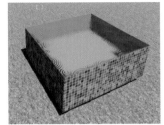
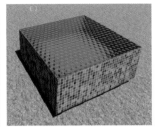

图2-64 室内玻璃效果　　　　　　图2-65 其它玻璃效果

在自定义玻璃材质属性界面中，如图2-66所示，用户可以调整反射率、透明度、纹理影响、双面、光泽度、亮度、颜色等参数，实现对玻璃材质的细节调整。在自定义或其它类别的高级玻璃材质属性界面中，还增加了对结霜量、凹凸程度、缩放参数的调整，实现更高级的玻璃材质效果。

2.3.4 标准材质

当Lumion 8.0中的默认材质不足以满足用户的实际需要时，还可以通过材质功能界面中的"自定义"—"标准"来添加自己所需的外部材质贴图，在标准材质属性面板中，用户可以单击其中的"选择漫反射贴图"，如图2-67所示，然后在目录窗口中找到所需添加的外部材质贴图单击即可，如图2-68所示。对外部材质贴图的编辑方法与默认材质相同，可在材质属性界面中进行参数调整。

图2-66 标准材质　　　图2-67 选择漫反射贴图　　　图2-68 添加完成外部材质

技巧提示

○ 在Lumion8.0中，多数情况下不支持中文目录，因此在使用外部材质贴图时，需要保证材质贴图的文件名和存放位置中不能有中文，不然会出现材质无法显示或显示错误的问题。

○ 在Lumion 8.0中，内置的大量预设材质在一般情况下基本可以满足日常园林景观设计场景的制作，但仍需要掌握材质的属性编辑方式和外部贴图的使用方法，以备特殊情况下使用。

○ 在使用某些具有凹凸感的材质时，用户可以通过材质属性界面中的"凹凸强度"进行调整，而对于外部使用的材质贴图，用户则可以通过使用一款名为Crazybump的软件来制作法线贴图，从而实现材质凹凸的效果。

2.4 物体功能

通过Lumion 8.0中的物体功能，可以导入内置的多种物体模型，并进行属性编辑，还可以将其它软件导出的模型文件导入Lumion 8.0中进行材质编辑等，在景观设计场景的制作中，物体功能是最常用到的编辑方式。用户可以单击工作界面左侧的"物体"功能按钮 ，打开如图2-69所示的功能命令面板。

图2-69 "物体"功能面板

2.4.1 物体分类

在Lumion 8.0中，内置了八种默认的物体模型分类，如图2-70所示，分别是植物、交通工具、声音、特效、室内、角色、室外、光源和工具。在使用时，可选择所需添加物体的分类图标，然后在其后出现的选择物体预览窗口单击，即可打开该种分类物体的模型库。

图2-70 默认物体分类

2.4.1.1 植物

植物分类共包含了十二种不同类别的植物种类，分别是小树、中树、大树、松树、棕桐、草地、植物、花卉、仙人掌、岩石、树丛和树叶，共计千余种，用户在打开的植物库中选择所需要的植物组件，即可放置到模型场景中，如图2-71所示。

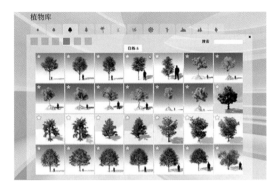

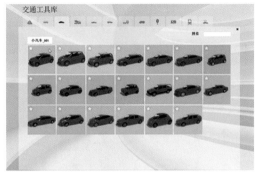

图2-71　植物库　　　　　　　　　　　　图2-72　交通工具库

2.4.1.2　交通工具

交通工具分类共包含了十二个不同的种类，分别是船、公共汽车、汽车、施工类、跑车、越野车、卡车、客货车、飞行器、杂类、火车和应急车，共计一百余种，如图2-72所示。

2.4.1.3　声音

声音分类共包含四种，分别是各类场所、植物、事件和人群，声音分类在景观设计漫游动画的场景制作时，可用于添加场景的声音效果。

2.4.1.4　特效

特效分类共包含五种，分别是喷泉、火、烟、雾和落叶，用于为模型场景中添加特定的特殊效果，如图2-73所示。

2.4.1.5　室内

交通工具分类共包含了十一个不同的种类，分别是杂类、装饰、电子和电器产品、食品和饮料、厨房、灯具、卫浴、椅子、储藏、桌子和设施工具，共计几百种，主要在室内场景设计中使用，如图2-74所示。

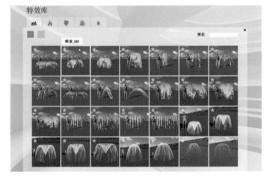

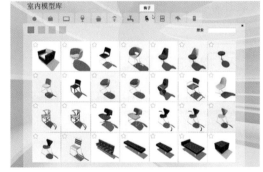

图2-73　特效库　　　　　　　　　　　　图2-74　室内模型库

2.4.1.6　角色

角色工具分类共包含了十二个不同的种类，用于为场景添加人物和动物等角色，分别是3D男人、3D女人、3D男孩、3D女孩、宠物、鸟类、畜类、人物2D、水族、3D人物剪影、2D人物剪影和3D动物剪影，如图2-75所示。

2.4.1.7 室外 🏠

室外工具分类共包含了十一个不同的种类，分别是出入口类、杂类、建筑物、施工类、工业、灯具、家具、交通标志、储藏、设施工具和垃圾，如图2-76所示。

图2-75　角色库

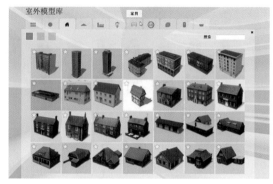

图2-76　室外库

2.4.1.8 室外 🗾

光源和工具分类共包含三种，分别是聚光灯、泛光灯和设施工具，在景观夜景表现中可以添加室外光源形成照明效果。

> **技巧提示**
>
> ○ 在使用内置的默认物体时，物体会按照系统的预设放置到场景中，对于这些物体模型来说，用户还可以通过编辑命令，对其大小、旋转、高度、颜色等参数进行调整，来满足不同的需要。
>
> ○ Lumion 8.0中内置了大量各种类型的物体模型，对于园林景观设计来说能够基本满足使用需要，除此之外，用户还可以在网络中下载并安装扩充的物体模型库或通过其它软件自行建模的方式，来扩充所需要的物体模型。

2.4.2　物体的放置

在Lumion 8.0中，用户可以选择单个物体并将其放置到场景中的所需位置，还可以按照指定的路径放置多个群体模型。

2.4.2.1　放置物体

当选择好所需放置的物体模型后，系统会自动切换到"放置物体"工具，如图2-77所示，此时将鼠标移动至模型场景中，会出现如图2-78所示的放置符号，单击鼠标即可在相应的位置对物体进行放置，如图2-79所示，物体放置完成后，用户可以重复操作继续放置更多物体。

图2-77 放置物体

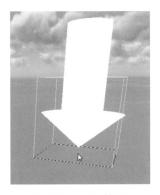

图2-78 放置符号

图2-79 放置完成

2.4.2.2 组合命令

在Lumion中放置物体时，系统会对光标所在位置的物体表面进行自动捕捉，用户可以在按住快捷键G的同时，放置物体，此时物体将被强制捕捉到地面进行放置；当按住快捷键V进行放置物体时，物体模型将进行随机的大小缩放；当按住快捷键Ctrl后进行物体放置，将会随机放置10个选定的物体模型，如图2-80所示。

图2-80 随机放置10个物体

2.4.2.3 放置群体

当需要按照指定的路径放置多个模型群体时，可以使用"放置群体"工具，如图2-81所示，单击场景中任意点为路径起点，之后拖动鼠标至路径终点，如图2-82所示，单击即可按路径放置群体，如图2-83所示。

图2-81 放置群体

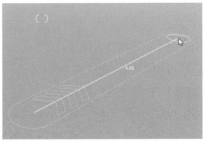

图2-82 指定路径

图2-83 放置完成

当群体模型放置完成后，系统会自动打开群体控制面板，如图2-84所示，用户可以通过面板，对放置模型的数量、随机改变方向、沿路径随机改变间距、向路径两侧随机偏移、方向等选项参数进行调整，还可以单击加号按钮 ⊞ ，向群体中随机添加其它种类的物体模型，如图2-85所示为添加后的群体组合效果。

图2-84 群体控制面板

图2-85 添加其它物体模型

技巧提示

○ 在场景中可以通过多次放置的方式，增加所需的模型物体，也可以通过对已放置的物体进行选择并复制的方式来放置多个物体。

○ 在放置外部导入的SketchUp模型时，会以原点坐标为基点进行放置，因此可能会出现放置后找不到模型的情况，这是在SketchUp建模时，模型距离原点坐标太远所致，用户可以返回到SketchUp中，将模型移动至坐标原点附近，重新导入即可。

2.4.3 物体的基本编辑

对于已经放置在场景中的物体模型，用户可以通过四组基本编辑命令，对其进行移动、缩放、调整高度和旋转，如图2-86所示。

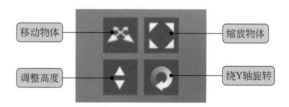
图2-86 基本编辑命令

2.4.3.1 放置模式与移动模式

当用户选择并完成物体模型的放置后，系统将默认处于"放置模式"，此时在场景中可多次放置物体模型。当需要对物体进行移动、缩放等基本编辑时，可单击相应的工具图标，并单击场景中代表该物体的白色符号 ◉ ，即可对其进行相应的编辑操作。

用户还可以单击"移动模式"标签 ▣ ，如图2-87所示，进入到"移动模式"中，当进入该模式后，功能面板会切换至如图2-88所示界面。在此模式中，用户可以对多个不同种类的物体模型进行选择，并可通过过滤器选项，选择所需的特定物体，然后再进行编辑。

图2-87 移动模式

图2-88 "移动模式"功能面板

示例2-1 使用过滤器选项完成对植物和角色物体的选择

（1）分别向场景中放置不同分类的物体模型，包括植物、交通工具、室内、角色、室外等，单击标签 ，进入"移动模式"，此时，场景中的所有物体符号均会显示出来，如图2-89所示。

（2）对所有物体模型进行框选，将其全部选定，如图2-90所示。

图2-89　放置物体

图2-90　框选全部物体

（3）将过滤器选项中，除植物和角色分类图标以外的图标进行单击，使其被关闭，如图2-91所示。

（4）场景会自动完成对植物和角色物体分类的过滤选择，如图2-92所示。

（5）用户同样也可以先进行过滤器的设置，然后再进行物体模型的框选。

图2-91　设置过滤器

图2-92　完成选择

2.4.3.2 移动物体

在"放置模式"下，用户可以单击移动物体图标 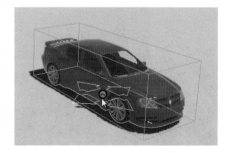，将光标放置于所需移动的物体后，该物体会出现如图2-93所示的移动选择框，此时单击并拖动物体至所需位置，即可完成。

① 在移动的同时，按下M键，可锁定Z轴移动物体；按下N键，可锁定X轴移动物体；按下G键的同时，可锁定地面捕捉。

② 当需要复制物体模型时，可按下Alt键的同时移动该物体，即可在新位置复制该物体的副本，如图2-94所示。

图2-93　移动选择框

③ 当需要锁定移动物体的高度时，可按下Shift键；当需要选择多个物体进行移动时，可在按下Ctrl键的同时对物体进行框选，如图2-95所示，然后即可对所选多个物体进行移动。

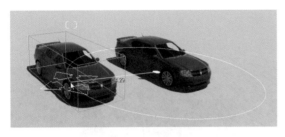

图2-94　复制物体

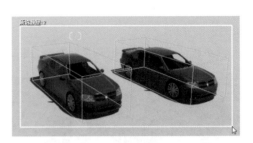

图2-95　框选物体

当需要对不同分类的物体进行移动时，可先进入"移动模式" 进行物体选择，然后进行移动操作，当完成后需要取消选择时，可按下功能面板右侧的"取消所有选择"按钮 ，即可取消对物体的选择。

当需要撤销上一步的操作时，可按下功能面板右侧的"取消变换"按钮 ，多次按下可取消之前的多步操作。

2.4.3.3　缩放物体

使用缩放物体工具 ，可以对物体进行放大或缩小操作，用户可以在"放置模式"下单击工具图标，便可对当前种类下的单个物体进行缩放，还可以在按住Ctrl键的同时对当前种类下的多个物体进行框选，然后统一进行缩放。当需要对不同种类的物体进行统一缩放时，可先进入"移动模式" 进行物体选择，然后按下工具执行操作。

当对所需物体进行缩放操作时，可在代表该物体的白色符号上 拖动鼠标，如图2-96所示，向上拖动可放大物体，向下拖动可缩小物体。当在"移动模式"下进行缩放物体时，会出现如图2-97所示的"尺寸"控制条，用户也可以在控制条当中选择要放大或缩小的倍数来完成操作。

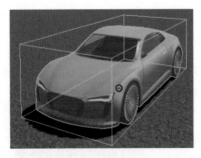

图2-96　拖动缩放物体

图2-97　"尺寸"控制条

2.4.3.4　调整高度

使用调整高度工具 ，可对所需物体进行高度的调整，具体操作和使用方法可参考"缩放物体"工具，使用时，向上拖动物体可将物体抬升，如图2-98所示为抬升1.10米；向下拖动可将物体降低，如图2-99所示为降低物体高度后的效果。

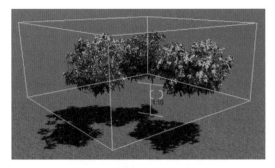

图2-98　抬升物体高度

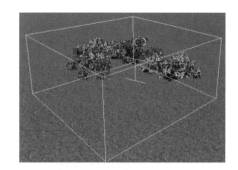

图2-99　降低物体高度

2.4.3.5　绕Y轴旋转

使用绕Y轴旋转工具 ![] ，可以将物体进行旋转，使用时，将鼠标移动至所需旋转的物体上，会出现如图2-100所示的旋转符号，此时拖动鼠标并转动至所需旋转位置即可完成操作，如图2-101所示。

图2-100　旋转前

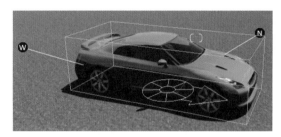

图2-101　旋转后

技巧提示

○ 在使用移动、缩放、旋转等基本编辑工具时，应习惯于使用组合键的方式来提高绘图效率，例如移动的同时按下Alt键可进行复制，按下Ctrl键可进行框选物体等。

○ 在任何一个基本编辑工具状态下，均可通过按下快捷键的方式临时切换至其它编辑工具，如快捷键M切换至移动工具、L为缩放工具、H为高度工具、R为旋转工具。

2.4.4　关联菜单、删除物体和属性编辑

在Lumion中放置的物体，可以使用关联菜单对其属性和排列方式等选项进行调整，也可以通过删除物体工具将不需要的模型进行删除，如图2-102所示。

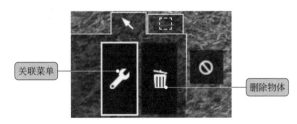

图2-102　工具栏

2.4.4.1 关联菜单

在关联菜单工具中，共包含两大类菜单工具，分别是"选择"和"变换"。使用时，可先选择"关联菜单"工具，然后在所需执行命令的物体上单击，即可出现菜单工具（也可先选择物体，再使用工具）。选择菜单包含有如图2-103所示的命令选项，用户可根据需要进行相关的物体选择；变换菜单包含有如图2-104所示的命令选项，用户可对选择的物体进行锁定位置、对齐、等距分布等相关操作。

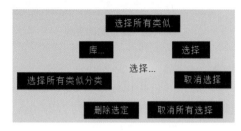

图2-103 "选择"菜单

图2-104 "变换"菜单

在这些命令选项中，主要包括：

① 选择所有类似 使用该命令，可将场景中所有与指定物体类似的物体全部进行选择。

② 删除选定 使用该命令可将选定的物体进行删除。

③ 相同旋转 使用该命令，可将选中的同类物体旋转至统一的方向。

④ 平移且等距分布 使用该命令，可将分散的物体进行移动，并自动将其排列至等距离分布。

⑤ 对齐 使用该命令可将选择的物体对齐至统一的位置。

示例2-2 使用关联菜单命令将物体统一等距放置

（1）分别向场景中放置不同种类的植物模型，并改变其旋转角度、高度等相关信息，如图2-105所示。

（2）选择关联菜单工具，在任意植物物体上单击执行"选择"—"选择所有类似分类"，此时会将所有植物模型进行选定，如图2-106所示。

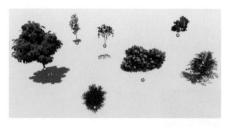

图2-105 放置植物模型

图2-106 选择所有类似分类

（3）使用关联菜单工具，在任意植物物体单击并执行"变换"—"地面上放置"，将植物模型统一调整至地面高度，再次执行"变换"—"相同旋转"，对植物模型统一方向，如图2-107所示。

（4）继续执行"变换"—"平移且等距分布"，将所有选择的植物模型按照等距进行分布排列，完成如图2-108所示效果。

图2-107 统一高度和角度

图2-108 平移且等距分布

2.4.4.2 删除物体

使用删除物体工具 ，可对选择的模型对象进行删除，用户可单击选择此工具后，在需要删除的对象上单击即可将其删除，也可以在选择多个对象后，在任意一个物体上单击，即可完成多个物体的删除。

2.4.4.3 属性编辑

当需要对置入的模型物体进行属性调整时，可首先将需要修改的一个或多个物体进行选择，之后会出现如图2-109所示的属性修改区域，通过此区域可对不同对象物体进行相关的透明度和属性修改。

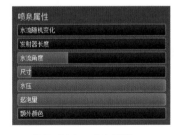

图2-109 属性编辑区

不同的物体模型分类在使用属性工具时显示的属性内容会有所不同，如图2-110所示为"植物"属性的编辑栏，用户可对植物的绿色区域色调、饱和度和范围进行修改；如图2-111所示为"特效"分类中"喷泉"属性的编辑栏，用户可对喷泉的角度、尺寸、水压、颜色等信息进行修改。

图2-110 植物属性

图2-111 喷泉属性

技巧提示

○ 对于拥有较多模型物体的大场景而言，合理利用关联菜单中的各类选择选项，可对所需物体进行批量选择，从而大大提升制图效率。

○ Lumion中内置的各类物体类别已经较为丰富，但用户仍可通过对部分物体属性的编辑，例如颜色、大小、范围等来继续增加对象物体的丰富度。

2.4.5 导入与图层系统

Lumion具备强大的渲染静态图像和视频动画的能力，并有着庞大而丰富的物体模型库，但其本身并不具备模型创建和编辑的能力，需要依托其它建模类软件的配合，完成模型的创建、修改及材质的分类等，之后将完成的模型导入到Lumion中才能进行相关的材质替换、场景渲染等工作。

2.4.5.1 导入

在物体功能菜单下单击"导入"图标 ，并选择"导入新模型" ，即可打开相应对话框，如图2-112和图2-113所示。

图2-112 导入新模型

图2-113 选择模型文件

在目录位置下，选择所需导入的模型文件，单击"打开"，并确认，此时所选模型已加入到模型库，并出现如图2-114所示，在场景任意位置单击即可完成新模型的导入，如图2-115所示。Lumion中可直接导入由3D Max、SketchUp等软件完成的模型文件，并可后续对相关模型进行修改并在Lumion中更新。

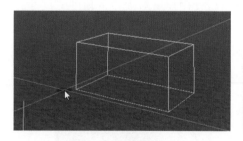

图2-114 放置模型

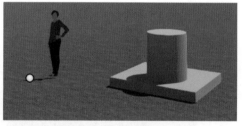

图2-115 完成放置

示例2-3 导入由SketchUp完成的模型并修改更新

（1）在SketchUp 2018中完成模型的创建，并另存为低版本.skp文件，命名为no.1（在Lumion 8.0中不支持SketchUp 2018创建的模型文件，需转化为低版本）。

（2）选择并导入no.1模型文件，放置到场景中，按下ESC键后退出命令完成放置，如图2-116所示。

（3）返回到SketchUp 2018中，对原模型文进行修改，添加文字模型内容，如图2-117所示，完成后保存并覆盖原no.1文件。

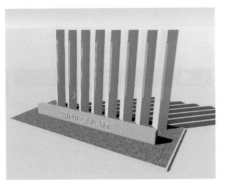

图2-116　完成放置

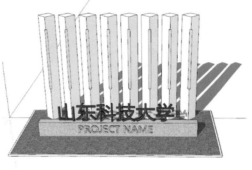

图2-117　修改原模型文件

（4）返回Lumion 8.0中，选中导入的模型文件，单击选择"重新导入模型"按钮，如图2-118所示，场景会自动更新为修改后的模型文件，如图2-119所示。

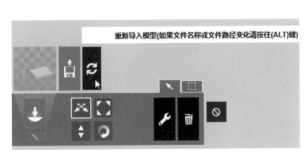

图2-118　重新导入模型

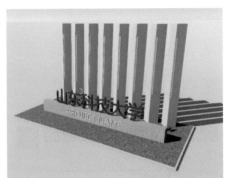

图2-119　完成更新

2.4.5.2　图层

在Lumion中可以通过图层来管理场景中的物体，图层的相关命令在软件的左上方，用户可根据需要执行添加图层、选择图层、控制图层的显示或隐藏、修改图层名称等操作如图2-120所示。

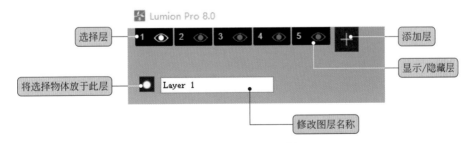

图2-120　图层工具栏

示例2-4　使用图层控制场景物体的显示/隐藏

（1）导入已完成的"树池"模型文件，如图2-121所示，并通过图层工具栏将图层名称修改为"树池"，如图2-122所示。

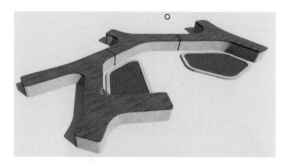

图2-121　导入模型

图2-122　修改图层名称（树池）

（2）在图层工具栏单击选中默认图层2，并将图层名称修改为"植物"，如图2-123所示，之后在场景中添加植物组件。同样的方式，将图层3名称修改为"人物"并添加人物组件，完成如图2-124所示效果。

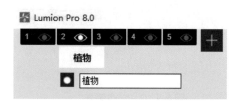

图2-123　修改图层名称（植物）

图2-124　导入物体

（3）完成图层分类后，可通过单击图层工具栏中的"显示/隐藏层"图标 ，来控制该图层中物体的显示或隐藏，当图标变为 时，表示该图层内容为不可见。

技巧提示

　○当向场景中导入新模型时，单击即可放置，此时并未退出放置命令，如果再次单击则会重复放置模型，此时可按下ESC键，即可退出放置命令。

　○在导入新模型时，如果出现放置后找不到模型物体的情况，可能是因为模型文件的位置距离坐标原点太远，导致超出当前视窗范围，可尝试在场景中旋转视角查找，或在建模软件中重新打开模型，并将其移动至坐标原点附近重新导入即可。

　○使用新版SketchUp 2018完成的模型文件与Lumion 8.0版本并不兼容，在导入时需另存为低版本的.skp文件。

2.5　拍照与动画模式

在 Lumion 8.0 的拍照模式下，用户可对场景中的对象建立静态视角并保存，同时可通过添加预设或自定义的各类效果来实现所需要的对应特效，从而增加场景静态照片的细节和效果。在 Lumion 8.0 的动画模式下，可实现对场景对象动画的创建、编辑，并同样可通过特效来丰富细节和增添效果。

2.5.1　拍照模式

在 Lumion 8.0 工作界面单击拍照模式按钮 ■，即可进入拍照模式界面，如图 2-125 所示，此模式下的主要命令包括：

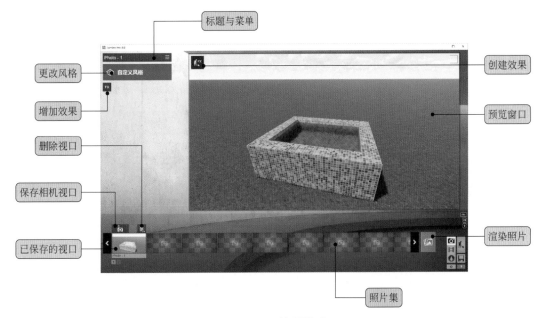

图 2-125　拍照模式

2.5.1.1　预览窗口

在进入拍照模式后，可在预览窗口中进行场景视角和方位的变换，其旋转、移动与在编辑模式下的视角操作方式相同，当选择好视角后，即可通过"保存相机视口"命令将当前视角保存至照片集中。

在进行视角选择的过程中，用户还可以随时通过"创建效果"命令 ■ 回到编辑工作界面，对场景中的物体进行相关景观创建、材质修改、物体组件编辑等工作，并可在完成修改后使用"返回"命令 ■ 重新回到拍照模式。

2.5.1.2　相机视口

当在预览视口中确定好所需视角后，用户可通过单击"保存相机视口"按钮 ■，来进行视口的保存，也可以通过快捷键【Ctrl+数字】的方式来快速创建多个视口，保存后的视口可以在照片集中显示该视口的预览图，如图2-126所示。

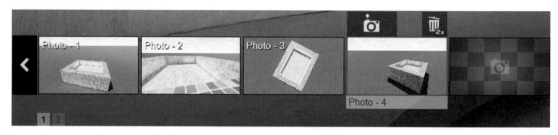

图2-126 已保存的视口

用户可以通过单击照片集中已保存的视口预览图来快速切换到该视口，同样也可以通过快捷键【Shift+数字】的方式来还原相机视口。当需要对某一视口进行删除时，只需要单击该视口并双击上方的"删除"按钮即可。

2.5.1.3 更改风格（自定义风格）

在拍照模式下，通过"自定义风格"工具，可对不同的视口创建软件默认的场景风格，有真实、室内、黎明、日光效果、夜晚、阴沉、颜色素描、水彩和自定义风格，如图2-127所示。已创建的默认风格，其参数还可以通过特效窗口进行效果的编辑。

图2-127 更改风格

2.5.1.4 添加效果

使用"添加效果"命令，可对场景中的对象进行各类效果的添加，单击选择命令 **FX** 后，会出现如图2-128所示的选择效果界面，通过上方的标签栏可切换效果分类，共包括光与影、相机、场景与动画、天气和气候、草图、颜色、各种，共计7个大的类别。

图2-128 选择效果界面

当对场景添加效果后，会在相应的效果列表中出现所添加的效果名称，并可对其进行相关参数的编辑、删除、复制、打开或关闭效果显示等操作，如图2-129所示为添加太阳、2点透视、雾气后的效果列表。

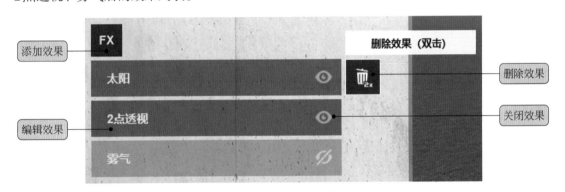

图2-129 效果列表

（1）光与影

在"光与影"效果类别中，有太阳、阴影、反射、天空光照、超光、全局光、太阳状态、体积光、月亮共计9个相关效果。每个效果使用时，都会出现相关的参数调整栏，并可进行相关参数的细节调整。其中，在景观设计场景表现中常用到的主要有：

① 太阳 通过"太阳"效果，可对场景中的太阳高度、绕Y轴旋转、亮度、太阳圆盘大小进行相关调整，如图2-130所示。

② 阴影 通过"阴影"效果，可对场景中太阳阴影范围、染色、亮度、室内/室外、onmishadow、阴影校正进行相关调整，还可选择法线、锐利、超锐利的影子类型，开启或关闭软阴影和细部阴影，如图2-131所示。

图2-130　太阳效果

图2-131　阴影效果

③反射　通过"阴影"效果，选择编辑按钮 ✐，即可进入片段编辑页面，点击添加反射平面按钮 ✚，点击水面或者赋予标准材质、玻璃材质或者水材质物体，再次点击返回 ✔，即可返回动画编辑页面，对反射平面实施减少闪烁、反射阈值进行相关参数的调整，并可以选择低、法线、高三种预览质量，选择是否开启speedray™反射，如图2-132所示。

（2）相机

在"相机"效果类别中，包括手持相机、曝光度、2点透视、景深、镜头光晕、色散、鱼眼、移轴摄影共计8个效果。每个效果使用时，都会出现相关的参数调整栏，并可进行相关参数的细节调整。其中，在景观设计场景表现中常用到的主要有：

①2点透视　通过"2点透视"效果，可以保证场景内物体位置垂直于地面，符合空间两点透视效果。

②镜头光晕　通过"镜头光晕"效果，可对场景中的光斑强度、自转、数量、散射、衰减进行调整，还可对泛光强度、主亮度、条纹变形强度、残像强度、独立像素亮度、光开强度、镜头污染强度进行调节，如图2-133所示。

图2-132　反射效果

图2-133　镜头光晕效果

（3）场景和动画

在"场景和动画"效果类别中，包括近剪裁平面、变动控制、时间扭曲、层可见性、动画灯光颜色共计5个效果。每个效果使用时，都会出现相关的参数调整栏，并可进行相关参数的细节调整。其中，在景观设计场景表现中常用到的主要是"层可见性"，通过"层可见性"效果，可以用来设置图层中物体的可见度及变化。

（4）天气和气候

在"天气和气候"效果类别中，包括天气和云、雾气、雨、雪、凝结、体积云、地平线云、秋季颜色共计8个效果。每个效果使用时，都会出现相关的参数调整栏，并可进行相关参数的细节调整。其中，在景观设计场景表现中常用到的主要是"天空和云"，通过"天空和云"效果，可对场景中云的位置、速度、方向、亮度、柔软度、主云量、低空云、高空云、低空云软化消除、天空亮度、云预设、高空云预设、整体亮度进行相关调整，还可选择开启或关闭在视频中渲染高质量云选项，如图2-134所示。

（5）草图

在"草图"效果类别中，有近勾线、绘画、粉彩素描、水彩、草图、漫画1、漫画2、油画、蓝图共计9个效果。每个效果使用时，都会出现相关的参数调整栏，并可进行相关参数的细节调整。每种效果都有其独特的艺术特点。

（6）颜色

在"颜色"效果类别中，有颜色校正、模拟色彩实验室、暗角、锐利、泛光、噪音、选择饱和度、漂白共计8个效果。每个效果使用时，都会出现相关的参数调整栏，并可进行相关参数的细节调整。其中，在景观设计场景表现中常用到的主要有：

① 颜色校正　通过"颜色校正"效果，可对所摄场景图片温度、着色、颜色校正、亮度、对比度、饱和度、伽马、限制最低值、限制最高值进行相关调整，使整体图画风格进行统一，如图2-135所示。

② 暗角　通过"暗角"效果，可对所摄场景图片边角进行暗角强度、柔化调节。

图2-134　天空和云效果

图2-135　颜色校正效果

（7）各种

在"各种"效果类别中，包括图像叠加、泡沫、体积光、水、材质高亮共计5个效果。每个效果使用时，都会出现相关的参数调整栏，并可进行相关参数的细节调整。其中，在景观设计场景表现中常用到的主要是"图像叠加"，通过"图像叠加"效果，可导入本地图片与所摄场景图片进行图像叠加处理，并可以调节渐入程度。

2.5.1.5 标题与菜单

在拍照模式下，用户可以通过单击界面左上侧的标题区域，对视口的名称进行修改。单击菜单命令 ▤ 后，会出现编辑、文件两种选择，单击编辑，即可进行复制效果、粘贴效果、清除效果；单击文件，即可进行保存效果、载入效果。

2.5.1.6 渲染照片与文件保存

当在预览视口中确定好所需视角后及特效添加后，用户可通过单击"渲染照片"按钮 ▣，来进行照片渲染保存，出现如图2-136所示保存精度列表，选择图像的保存精度，并弹出如图2-137所示的保存文件对话框，添加文件名，同时选择保存文件如JPG、BMP、DDS、PNG、TGA、HDR文件类型。

图2-136　保存精度列表

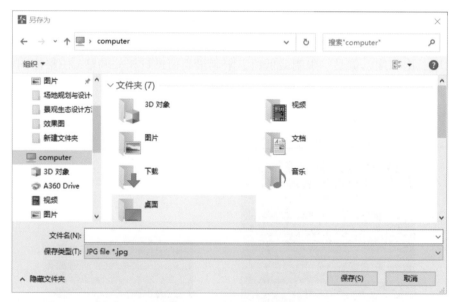

图2-137　保存文件对话框

2.5.2 动画模式

在Lumion 8.0工作界面单击动画模式按钮 ▤，即进入动画模式界面，如图2-138所示。此模式下的主要命令包括：录制视频 、导入图片 、导入视频 三项工具用于添加视频片段。

图2-138　动画模式界面

2.5.2.1　添加视频片段

（1）导入图片

单击导入图片按钮 ，弹出文件对话框，选择BMP、JPG、TGA、DDS、PNG、PSD、TIFF格式文件并打开，即可当作一个片段插入视频序列中，如图2-139所示。

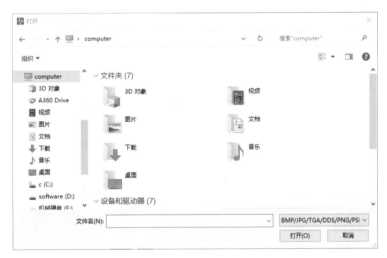

图2-139　导入图片文件对话框

（2）导入视频

单击导入视频按钮 ，弹出文件对话框，选择MP4格式视频文件并打开，即可当作一个片段插入视频序列中。

（3）录制视频

单击录制视频按钮 ，在进入录制视频模式后，可在预览窗口中进行场景视角和方位的变换，其旋转、移动与在编辑模式下的视角操作方式相同，当选择好视角后，即可通过"拍摄照片"命令 ，将当前视角照片保存至视频片段集中，Lumion通过所拍摄不同的视角照片（关键帧）生成动画的游览路径，点击返回按钮 ，即可将漫游动画当作一个片段插入视频序列中。此模式下的主要命令如图2-140～图2-142所示。

相机上/下移动
视线水平高度
设置视线高度为1.6米
预览窗口
增加/减少时长
播放
视频片段集
拍摄照片
返回

图2-140　录制视频模式界面（1）

重新拍摄照片
删除照片
复制照片
照片视口

图2-141　录制视频模式界面（2）

标题与菜单
更改风格
增加效果
预览窗口
播放
整个动画
编辑片段
渲染片段
删除片段
视频序列
创建效果
时间轴
渲染影片

图2-142　录制视频模式界面（3）

2.5.2.2　预览窗口

在进行视角照片（关键帧）拍摄过程中，用户还可以随时通过"创建效果"命令回到编辑工作界面，对场景中的物体进行相关景观创建、材质修改、物体组件编辑等工作，并可在完成修改后使用"返回"命令重新回到录制模式。

2.5.2.3　照片视口

当在预览窗口中确定好所需视角照片（关键帧）后，用户可通过单击"保存照片视口"按钮，来进行照片视口的保存，如图2-143所示。

图2-143　已保存视口（1）

用户可以通过单击视频片段集中已保存的照片视口预览图来快速切换到该照片视口，如需重新拍摄某一照片视口，只需要单击该视口上方的"刷新"按钮 ⟳ 即可；当需要复制某一照片视口时，只需单击该视口上方"插入"按钮 ⬇ 即可；当需要对某一照片视口进行删除时，只需要单击该视口并双击上方的"删除"按钮 🗑 即可，如图2-144所示。

图2-144　已保存视口（2）

2.5.2.4　视频序列

视频序列由多个视频片段组成，保存的视口漫游动画作为视频片段在视频序列中显示，如图2-145所示。

图2-145　已保存片段

2.5.2.5　视频片段

当需编辑某一视频片段时，只需单击该片段上方"修改"按钮 ✎ 即可；当需直接渲染某一片段时，单击该片段上方"渲染"按钮 🖼 即可；当需删除某一片段时，只需双击该片段上方"删除"按钮 🗑 即可。

2.5.2.6　更改风格（自定义风格）

在动画模式下，同拍照模式，也通过"自定义风格"工具，可对不同的视口创建软件默认的场景风格，有真实、室内、黎明、日光效果、夜晚、阴沉、颜色素描、水彩和自定义风格，如图2-146所示。已创建的默认风格，其参数还可以通过特效窗口进行效果的编辑。

图2-146　录制视频模式界面

（1）添加效果

使用"添加效果"命令，可对场景中的对象进行各类效果的添加，单击选择命令 **FX** 后，会出现如图2-147所示的选择效果界面，通过上方的标签栏可切换效果分类，有光与影、相机、场景与动画、天气和气候、草图、颜色、各种，共计7个大的类别。

效果分类标签

效果名称

图2-147　选择效果界面

当对场景添加效果后，会在相应的效果列表中出现所添加的效果名称，并可对其进行相关参数的编辑、删除、复制、打开或关闭效果显示等操作，如图2-148所示为添加天空和云、镜头光晕、2点透视、移动后的效果列表。

① 光与影　在"光与影"效果类别中，同拍照模式下9种特效一致。每个效果使用时，都会出现相关的参数调整栏，并可进行相关参数的细节调整。

② 相机　在"相机"效果类别中，同拍照模式下8种特效一致，并增加动态模糊效果共9种。每个效果使用时，都会出现相关的参数调整栏，并可进行相关参数的细节调整。

图2-148　效果列表

③ 场景和动画　在"场景和动画"效果类别中，同拍照模式下5种特效一致，并增加"群体移动""移动""高级移动""天空下降"效果共9种。每个效果使用时，都会出现相关的参数调整栏，并可进行相关参数的细节调整。其中，在景观场景设计表现中常用到的主要是"移动"，通过"移动"效果，如图2-149所示。点击 ✎ 如图2-150所示，可对场景中人物、车辆、模型的移动、垂直移动、绕Y轴旋转、尺寸、绕X轴旋转、绕Z轴旋转进行相关调整，确定人物、车辆、模型的起始位置和结束位置，完成其线性运动动画。

图2-149　移动效果

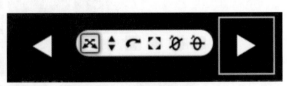

图2-150　移动效果设置

④ 天气和气候　在"天气和气候"效果类别中，同拍照模式下8种特效一致，并增加"风"效果共9种。每个效果使用时，都会出现相关的参数调整栏，并可进行相关参数的细节调整。

⑤ 草图　在"草图"效果类别中，同拍照模式下9种特效一致。每个效果使用时，都会出现相关的参数调整栏，并可进行相关参数的细节调整。

⑥ 颜色　在"颜色"效果类别中，同拍照模式下8种特效一致，并增加"淡入淡出"效果共9种。每个效果使用时，都会出现相关的参数调整栏，并可进行相关参数的细节调整。

图2-151　淡入淡出效果

通过"淡入淡出"效果，对所录制片段的开始和结尾部分淡化，可调整持续时间、输出持续时间，选择淡入淡出的模式，更好衔接片段与片段之间，完成转场，如图2-151所示。

⑦ 各种　在"各种"效果类别中，同拍照模式下5种特效一致，并增加"标题""并排3D立体""声音"效果共9种。每个效果使用时，都会出现相关的参数调整栏，并可进行相关参数的细节调整。

（2）标题与菜单

在动画模式下，用户可以通过单击界面左上侧的标题区域，对视口的名称进行修改。

单击菜单命令 ▤ 后，会出现编辑、文件两种选择，单击编辑，即可进行复制效果、粘贴效果、清除效果；单击文件，即可进行保存效果、载入效果。

（3）渲染影片与文件保存

当在片段视口中确定好所需视频片段及效果添加后，用户可通过单击"渲染影片"按钮 ▣ ，来进行照片渲染保存，如图2-152所示，可在四个渲染类别标签中选择整个影片、当前拍摄、图像序列、My Lumion类型。

图2-152　渲染影片界面

① 整个影片　在"整个影片"渲染类别中是将整个影片渲染为MP4文件，并可以选择输出品质、每秒帧数和保存精度，点击保存精度大小按钮，弹出保存文件对话框，添加文件名输出保存。

② 当前拍摄　在"当前拍摄"渲染类别中是渲染当前拍摄为图像文件，并可附加输出，保存深度图、保存法线图、保存高光反射通道图、保存灯光通道图、保存天空Alpha通道图、保存材质ID图，并选择保存精度，点击保存精度大小按钮，弹出保存文件对话框，添加文件名，同时可选择保存文件如JPG、BMP、DDS、PNG、TGA、HDR文件类型输出保存，如图2-153所示。

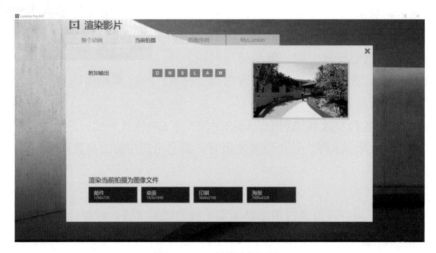

图2-153　当前拍摄界面

③ 图像序列　"图像序列"是渲染一个或多个帧为图像序列，并可选择输出品质、每秒帧数、帧范围以及附加输出，保存深度图、保存法线图、保存高光反射通道图、保存灯光通道图、保存天空Alpha通道图、保存材质ID图，选择保存精度将文件输出保存，如图2-154所示。

图2-154　图像序列界面

④ My Lumion "My Lumion"是渲染文件并将其直接上传到My Lumion中，可以选择输出品质、每秒帧数并开始上传，如图2-155所示。

图2-155 My Lumion界面

技巧提示

○ 不同片段的特效不同步，如若需要复制特效，点击菜单—编辑—复制效果进行复制。

○ 如片段的编辑效果框后有"添加关键帧"按钮 ⬧ ，即可添加关键帧特效。在片段进度条中找到所需时间点单击"添加关键帧"按钮 ⬧ ，即在片段进度条上出现 ▦ ，调整效果参数，调整数值即可被记录在该片段的时间点上。再在进度条中找到所需第二个时间点，再次单击"添加关键帧"按钮 ⬧ ，进度条出现 ▦ ，调整效果参数，调整数值即可被记录在该片段的第二个时间点上。重复上面操作，添加多个特效关键帧，这些关键帧之间会自动补全动画，从而实现动态特效效果。

○ 如需对所有片段添加特效，只需在动画面板中单击左下角的"整个动画"按钮 ▤ ，然后添加动画特效即可，此时特效将会对所有的片段起作用。

第3章
别墅花园景观设计案例详解

> 概述：本章结合别墅花园景观设计案例，详细讲述了使用SketchUp完成景观建模，并结合Lumion强大的自带材质、配景库，补充完善模型，完成别墅花园景观场景渲染，静帧出图及动画导出。使用户在面对实际设计任务时，能够更加合理有效地利用各类型软件，完成设计方案所需的图纸。

3.1 建模前的准备工作

在使用SketchUp 2018进行别墅花园景观建模工作之前，需要完成几项相关的准备工作，例如需要在AutoCAD中进行方案图形的整理，需要对SketchUp的工作界面和系统进行相应的设置，需要准备所需的材质和组件素材等。

3.1.1 案例项目概况

本次案例中的别墅花园景观项目，占地面积约600平方米，包含入口景观区、阳光休闲区、园艺观赏区、娱乐活动区四大功能区，由于本书侧重于软件的使用方法，因此，不会涉及方案设计方法等相关内容，本次案例在建模渲染之前已进行别墅花园景观的方案设计，并在AutoCAD中绘制完成，建模渲染范围如图3-1所示，功能分区如图3-2所示。

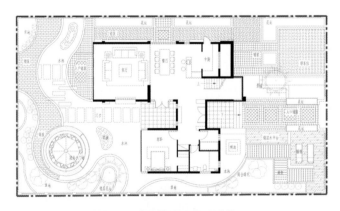

图3-1　别墅花园项目设计范围

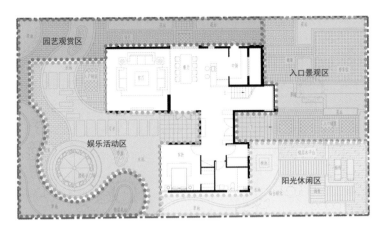

图 3-2　别墅花园功能分区

3.1.2　AutoCAD中的方案图纸整理

在使用SketchUp 2018进行方案图形的导入和建模前，需要将CAD进行适当的整理，主要的目的是删除CAD中不需要的线条、图案填充、尺寸、标注等，简化图形信息。如果方案较为复杂，还需要进行图层的分类、分层输出，图元高度全部归零，图线的修整清理等。本案例中别墅花园的CAD图纸较为简单，只需将图案填充、尺寸标注、文字等不必要信息删除即可。

3.1.3　SketchUp中的系统设置

对SketchUp的系统设置主要包括工作界面模板的选择和布置、单位尺寸等的设置、各类常用插件的安装等，这些工作将会使接下来的建模工作更加轻松、规范和便捷。

3.1.4　常用材质和组件素材的准备

SketchUp 2018中默认提供了部分材质和组件素材，如若需要，用户也可以将自己常用到的材质库和组件库进行导入，方便后续的工作。在本案例中，使用了如图3-3中所示的材质和组件模型素材。

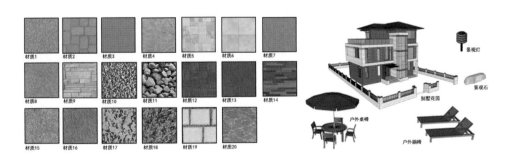

图 3-3　案例使用到的材质和组件素材

3.2　CAD的导入与建模

（1）打开SketchUp 2018，选择菜单栏"文件"—"导入"，打开导入对话框，将右下角的文件类型选择为"AutoCAD文件"，并选择已经整理好的CAD图纸，如图3-4所示，单击"选项"，打开"导入选项"对话框，将"几何图形"两项选项设置进行勾选，并确保单位与CAD图纸保持一致，即"毫米"，如图3-5所示。

图3-4　"导入"对话框　　　　　图3-5　"导入AutoCAD DWG/DXF选项"对话框设置

（2）设置完成后单击"确定"并完成CAD导入，系统会自动将文件导入到SketchUp中，图形文件会以线条的方式进行显示，如图3-6所示。

（3）在完成CAD线框的导入后，为了进行更好的封面、建模，我们需要将导入的CAD选中并右击，在右键菜单中选择"分解"命令，以便进行下一步相关要素的编辑。

（4）在SketchUp 2018中进行封面操作是建模开始前非常重要的一步，也是非常繁琐的一项工作，特别是针对复杂的设计图形时，最有效的方式是安装封面插件，如SUAPP插件库中的"生成面域"命令等。使用时，可将需要封面的线框进行选择，然后单击SUAPP工具栏中的"生成面域" ◁ 命令即可。如图3-7所示为封面完成后的效果（如果生成的面为深色显示，表示此面为反面，需要右击选择"翻转平面"）。

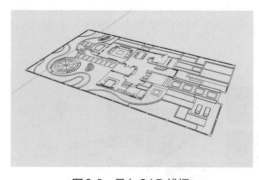

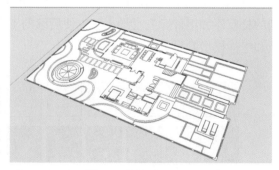

图3-6　导入CAD线框　　　　　　　图3-7　完成封面

（5）对于无法封面成功的线框，可以使用SUAPP插件库中的"查找线头" ⌃ 命令，查找图形中的断线，并将其标注，如图3-8所示，用户用铅笔工具进行断线连接，也可单击圆形标注进行解决，之后再重复"生成面域"命令，完成场景封面操作。

（6）选择入口景观区内的景墙，如图3-9所示，右击选择"创建群组"，再次右击选择"创建组件"，并确认。双击进入群组编辑，并使用快捷键P激活推拉工具，将景墙向上推拉1000，完成如图3-10所示效果。

（7）选择景墙顶面，按住"Ctrl"键继续向上推拉50，完成景墙顶面效果，并将多余的废线进行删除，如图3-11所示。

（8）选择景墙坐凳，向上复制移动450的距离，并右击选择"创建群组"，再次右击选择"创建组件"，并确认，如图3-12所示。双击进入群组编辑，并按快捷键P激活推拉工具，给予坐凳50厚度，并将多余的废线进行删除，如图3-13所示。

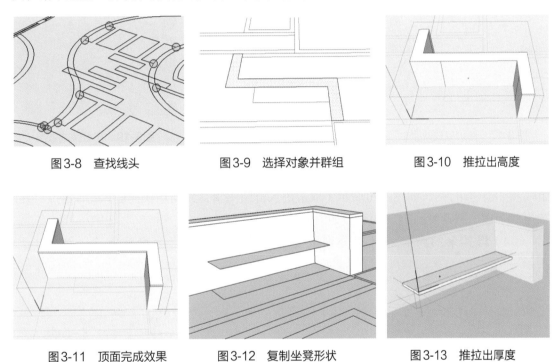

图3-8　查找线头　　　　　图3-9　选择对象并群组　　　　图3-10　推拉出高度

图3-11　顶面完成效果　　　图3-12　复制坐凳形状　　　　图3-13　推拉出厚度

（9）选择花坛的池壁，如图3-14所示，右击选择"创建群组"，再次右击选择"创建组件"，并确认。双击进入群组编辑，并使用快捷键P激活推拉工具，将景墙向上推拉200，完成效果如图3-15所示，再将中间植物位置向上推拉200，完成如图3-16所示效果。

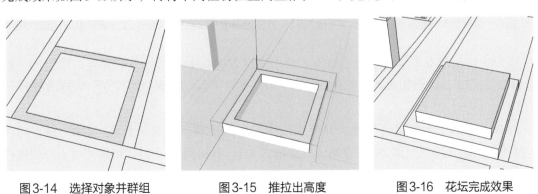

图3-14　选择对象并群组　　　图3-15　推拉出高度　　　　图3-16　花坛完成效果

（10）阳光休闲区错层木平台假设每级台阶大约150高，包括100基底高和50木板高，使用快捷键P激活推拉工具，先逐级推拉至合适基底高度，再按住"Ctrl"键分别向上推拉50，如图3-17所示。

（11）选中阳光休闲区的高台绿化池池壁，并单击鼠标右键"创建群组"和"创建组件"，将其创建成独立组件，并使用快捷键P激活推拉工具，推拉400高度，再选择种植土范围，向上推拉300高度。如图3-18所示。

（12）使用同样方法，将入口景观区内的花坛推拉至合适高度，如图3-19所示。

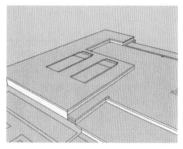
图3-17　台阶完成效果

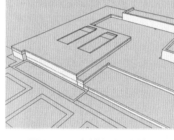
图3-18　高地绿化池效果

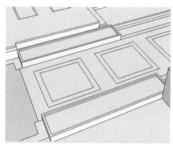
图3-19　花坛完成效果

（13）选择错层木平台上的景观廊架的外框架进行复制移动，并单击鼠标右键"创建群组"和"创建组件"，如图3-20所示。双击进入群组编辑，并使用快捷键P激活推拉工具，推拉80厚度，移动复制1420距离，如图3-21所示效果。

（14）将其余的廊架外框架分别重复上述操作，并将多余废线删除，如图3-22所示。

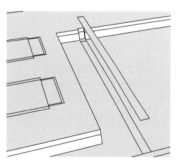
图3-20　复制廊架外框架形状

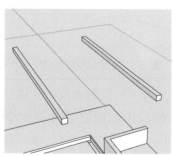
图3-21　推拉出厚度

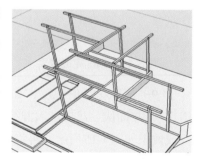
图3-22　廊架框架完成效果

（15）连接景观廊架的两条平行木，画出宽度为40的长方形，并"创建群组"和"创建组件"，双击进入群组编辑，使用快捷键P激活推拉工具，将廊架的长方形推拉出80厚度的木条，如图3-23所示。

（16）将单个木条组件全选，并使用快捷键M激活移动工具，按住"Ctrl"键，如图3-24所示。输入阵列距离235并空格，然后输入*11，共得到12个同样组件（加上原始组件1个），阵列效果如图3-25所示。

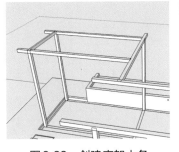
图3-23　创建廊架木条

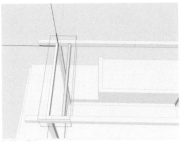
图3-24　阵列廊架木条

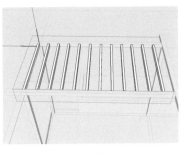
图3-25　阵列完成

（17）使用同样方法，将剩下的景观廊架木条补充完整，完成效果如图3-26所示。

（18）选择娱乐活动区中的圆形广场位置，如图3-27所示，使用快捷键P激活推拉工具，向下推拉100深度，再选择圆形广场内环位置，再次向下推拉200深度，如图3-28所示。

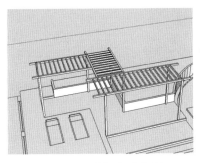
图3-26　廊架完成效果

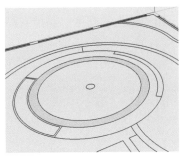
图3-27　选择下沉广场

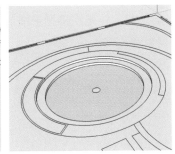
图3-28　向下推拉（1）

（19）选择圆形广场中的景墙坐凳位置，使用快捷键P激活推拉工具，推拉400高度，如图3-29所示。再按住"Ctrl"键，向上推拉50高度，表示景墙坐凳顶面，如图3-30所示。

（20）选择圆形广场左侧花坛位置，使用快捷键P激活推拉工具，花坛向上推拉200高度，花坛植物向上推拉300高度，如图3-31所示。

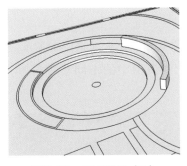
图3-29　向下推拉（2）

图3-30　景墙效果

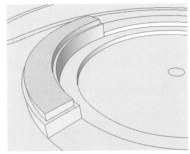
图3-31　花坛效果

（21）选择水面区域，使用快捷键P激活推拉工具，向下推拉500深度，表示水池的池底位置，如图3-32所示。再按住"Ctrl"键，将该区域向上推拉400，表示水池的水面高度，如图3-33所示。

（22）选择水中的树池，将内部种植土向下推拉100深度，如图3-34所示。

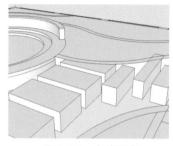

图3-32　水池深度

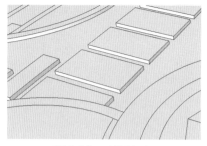

图3-33　水面高度

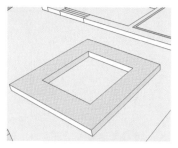

图3-34　树池效果

（23）选择水中的微地形，并"创建群组"和"创建组件"，双击进入群组编辑，使用快捷键P激活推拉工具，将等高线区域一次向上递增30，如图3-35所示。删除所连成的面，只留下轮廓线，如图3-36所示。全选组件，点击沙盒"根据等高线创建" 📦 命令，并删除乱线，如图3-37所示效果。

（24）补充完善场景细节，如种植土的高度、路沿石高度等。

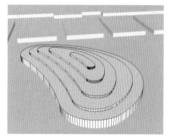

图3-35　地形推拉效果

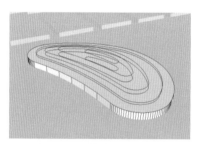

图3-36　等高线效果

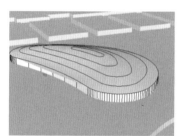

图3-37　地形创建完成

3.3　材质、组件的添加与模型的导出

（1）按住快捷键B打开工作区右侧"材料"面板，选择材质素材中的"材质1"，并单击模型中路沿石的部分，完成材质的赋予，如图3-38所示。

（2）同样方法，将材质素材中的"材质2"赋予到模型中的铺装小路的部分，如图3-39所示。

（3）将材质素材中的"材质15"和"材质16"分别赋予到模型中的不同草坪位置，如图3-40所示。

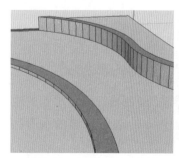

图3-38　赋予路沿石材质

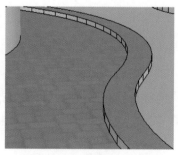

图3-39　赋予铺装小路材质

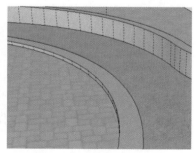

图3-40　赋予草地材质

（4）将材质素材中的"材质12"赋予到模型中的下沉广场内环位置，如图3-41所示，再依次将"材质5"和"材质10"赋予到圆形广场次内环、外环位置，如图3-42所示。

（5）同样方法，将圆形广场的其他小品设施材质补充完整，如图3-43所示。

图3-41　赋予下沉广场材质（1）

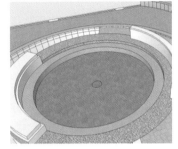
图3-42　赋予下沉广场材质（2）

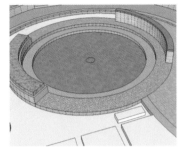
图3-43　赋予其他设施材质

（6）将材质素材中的"材质14"赋予到阳光休闲区中错层木平台和高台绿化池池壁，如图3-44所示。双击进入种植池组件，选择高台绿化池池壁中的一个面，单击鼠标右键弹出菜单栏，选择"纹理"—"位置"，弹出四个图钉，如图3-45所示。拖拽图中绿色图钉，调整"材质14"方向和填充比例，如图3-46所示。将高台绿化池池壁剩余几个面分别调整，效果如图3-47所示。

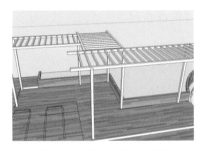
图3-44　赋予木平台材质

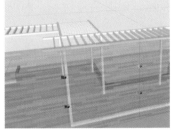
图3-45　赋予高地绿化池材质

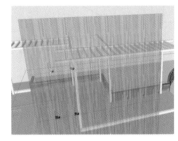
图3-46　调整高地绿化池材质

（7）双击进入景观廊架组件，将"材质13"赋予到廊架木条上，如图3-48所示。再在材质"色彩"栏中选择M06色赋予到廊架外框架，完成效果如图3-49所示。

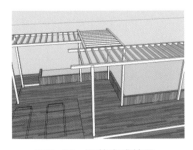
图3-47　调整完成效果

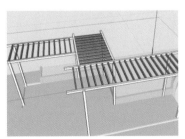
图3-48　赋予木条材质

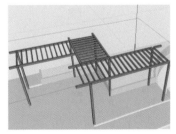
图3-49　廊架完成效果

（8）使用同样方法，将材质素材中的其它材质分别赋予到模型中的相应对象上，对于需要修改的材质，可通过"材质"面板中"编辑"选项，对其颜色、大小都能够进行调整，也可以右击需要编辑的材质，在弹出的快捷菜单中选择"纹理"—"位置"，对材质进行缩放、选择、变形等操作，材质赋予完成后的效果如图3-50所示。

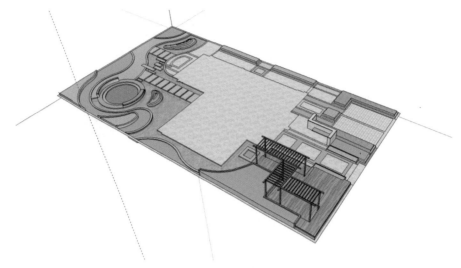

图3-50　完成整体材质添加

（9）打开工作区右侧的"组件"面板，如图3-51所示，单击"详细信息"按钮 ➡—"打开或创建本地合集"，弹出"导入选项"对话框，找到所用组件所在的文件夹，并单击对话框右下角"选择文件夹"按钮，如图3-52所示，即可完成组件素材导入。

图3-51　"组件"面板　　　　　图3-52　"导入选项"对话框

（10）选择组件，单击组件素材中的"别墅花园"，并将其拖拽至图中预留位置，如图

3-53所示。单击组件素材中的"躺椅",并将其复制到错层木平台上预留的躺椅位置,并调整组件大小,如图3-54所示。调整完毕后,将木平台上的乱线进行删除,如图3-55所示。

  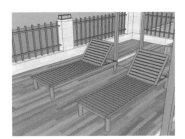

图3-53 "别墅"组件导入　　图3-54 "躺椅"组件导入并调整　　图3-55 删除乱线

（11）同样的方式,添加其它组件素材,完成如图3-56所示效果。

图3-56 组件添加完成

（12）复制完善场景周围环境,完成如图3-57所示效果。

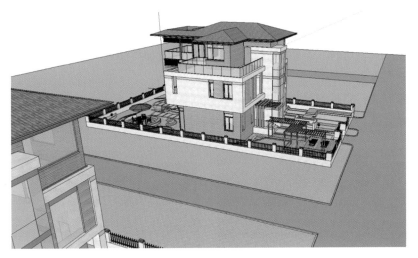

图3-57 场景完善效果

（13）检查模型,将模型按照材质进行区别,确保没有SketchUp的自带材质,选择菜单栏"文件"—"导出"—"三维模型",选择导出DAE格式的文件,在弹出的窗口中选择要导出模型的路径,输入文件名称,完成模型导出。

3.4 场景渲染与效果图、动画输出

3.4.1 文件的导入与放置

(1)打开Lumion8.0软件进行系统设置,包括语言的设置和场景的选择。

(2)进入到Lumion8.0选择好的场景中,在放置菜单,单击"导入"—"导入新模型",系统则弹出文件浏览窗口,选择所需要的DAE文件,如图3-58所示,双击模型进行模型导入,并需要对模型进行命名,如图3-59所示。

图3-58 文件浏览窗口　　　　　　　图3-59 设置导入文件名称窗口

(3)设置完成单击确定后,完成模型导入。将模型放到合适的位置,并在放置面板中单击"调整高度"命令 ◆ 后,将模型整体向上抬升,让水面处于场景以上。

3.4.2 材质的添加与配景放置

(1)打开工作区左侧"材质"命令 ◢ ,选择模型中某种需要添加的材质,如图3-60所示。弹出材质面板,选择"自然"—"水",在水材质种类中选择合适的材质,完成水面材质的赋予,如图3-61所示。

(2)同样方法,将玻璃材质赋予到模型中的玻璃部分,如图3-62所示。

(3)同样方法,将草丛材质赋予到模型中的普通的草地材质,如图3-63所示。

图3-60 水面材质选择　　　　　　　图3-61 水面材质赋予

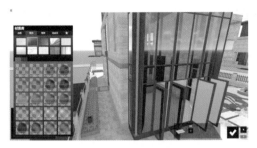
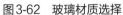

图3-62　玻璃材质选择

图3-63　草丛材质赋予

（4）打开"材质"命令 ⟳ ，选择模型中3d草地材质，弹出材质面板选择"自定义"—"景观"，如图3-64所示，点击保存 ✓ ，返回到控制页面。继续单击"景观"命令 ⛰ ，单击"草丛"命令 🌾 ，开启"草丛开关"按钮 ⏻ ，即可对草丛的高度、大小、野性进行调整，如图3-65所示。

图3-64　草地材质选择

图3-65　景观草丛调整

（5）使用上述方法，将合适的材质赋予到模型中相对应的对象上，对于需要修改的材质，可通过双击材质库中已选材质，调整材质参数。材质赋予完成后的效果如图3-66所示。

图3-66　完成材质添加

（6）打开工作界面左侧"物体"命令 ⬇ ，可以从"自然"素材 ⛰ 开始放置，而后进行其它类型素材放置。单击"选择物体"命令 👆 ，选择合适的树形作为景观树，并可在功能命令面板中，对放置植物进行移动物体、调整尺寸、调整高度、绕Y轴旋转等编辑，如图3-67所示。同时还可点击"更多属性"按钮 ▦ ，对植物的色调、饱和度、区域范围进行调整，如图3-68所示。放置植物调整效果对比如图3-69、图3-70所示。

图3-67　放置调整　　　　　　　　　　图3-68　更多属性设置

图3-69　调整前景观树效果　　　　　　　图3-70　调整后景观树效果

（7）选择合适的乔木作为行道树，点击"人群安置"按钮 ▭ ，在绘图工作区设置种植的起点和终点，如图3-71所示。将植物进行成列放置，并设置放置项目数、方向等，如图3-72所示。设置完毕后点击"确定"按钮 ☑ 完成放置，如图3-73所示。

图3-71　设置放置起点与终点

图3-72　成列放置设置

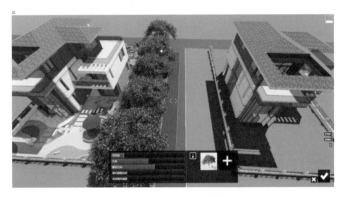

图3-73　成列放置效果

（8）以上述同样的方式，放置其它的素材，完成如图3-74和图3-75所示。

图3-74　素材放置完效果（1）

图3-75　素材放置完效果（2）

3.4.3 拍照、动画与保存文件

（1）将模型的材质和素材放置完成后，点击工作界面右侧的"拍照模式"按钮 ▣ ，进入拍照模式页面。在预览窗口中确定好所需视角后，点击"保存相机视口"按钮 ▣ ，将当前视角保存至照片集中，如图3-76所示。也可以通过界面右侧"创建效果"命令 ▣ 回到编辑工作界面，对场景进行修改。

图3-76　视口保存效果

（2）单击"特效"按钮 **FX** ，即可对将保存的视口照片进行特效的添加，使照片效果更加丰富。如图3-77所示为添加模拟色彩实验室、天空和云、太阳、两点透视等特效效果。

图3-77　添加模拟色彩实验室等特效效果

（3）在预览窗口确定好视角后，可通过快捷键【Ctrl+数字】将该视角保存至相片集的

不同视口中，根据需要分别给它们添加特效表现不同时间状态，如图3-78所示清晨效果，可以通过添加更改太阳、模拟色彩实验室、漂白、天空和云等特效进行表现。黄昏效果则如图3-79所示，也可以通过添加更改太阳、模拟色彩实验室、颜色校正、天空和云等特效模拟黄昏效果。

图3-78　照片清晨效果

图3-79　照片黄昏效果

（4）通过同样的方式继续拍摄保存所需照片。

（5）图片保存输出时，点击"渲染照片"按钮 ，进入渲染照片页面，选择渲染当前拍摄，如图3-80所示，或是渲染相册集，如图3-81所示。同时选择渲染精度，则弹出文件保存窗口，输入保存文件名称并选择文件保存类型即可完成照片输出保存。

图3-80　渲染当前图片

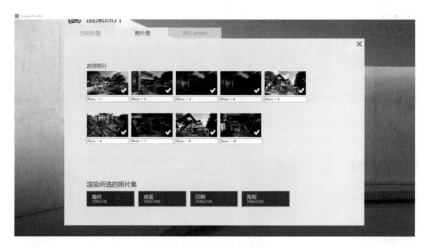

图3-81　渲染照片集

（6）当需要制作动画时，点击界面右侧"动画模式"按钮 ，进入动画制作页面。点击"片段"—"录制"进行片段—录制，如图3-82所示，录制过程如图3-83。

图3-82　片段—录制界面

图3-83　片段一录制过程

（7）单独片段录制完成后，点击"返回"按钮 ✔，进行片段编辑和其它片段录制，如图3-84所示。

图3-84　片段编辑页面

（8）单击"特效"按钮 FX，即可对将保存的动画片段进行特效的添加。如图3-85所示为添加标题、淡入淡出、阴影、颜色校正等特效效果。

图3-85　添加标题等特效效果

（9）动画输出保存时，点击"渲染影片"按钮 回，进入渲染影片页面。选择渲染整个动画、当前拍摄、图像序列或是渲染并上传Lumion类别，同时选择渲染精度，如图3-86所示为渲染整部影片页面，弹出文件保存窗口，输入保存文件名称，完成动画输出保存。

图3-86　保存整个影片页面

（10）需要文件保存时，点击页面右侧"文件"按钮 ，进入文件页面，如图3-87所示。点击"另存为"按钮 ，则弹出文件保存窗口，输入保存文件名称，完成场景保存，如图3-88所示。

图3-87　文件保存页面

图3-88　文件保存窗口

3.4.4 别墅花园效果图

别墅花园效果图如图3-89～图3-92所示。

图3-89　别墅花园效果图（1）

图3-90　别墅花园效果图（2）

图3-91　别墅花 园效果图（3）

图3-92　别墅花园效果图（4）

附　录

附表1　SketchUp 2018技巧提示汇总

文件基本操作	① 由于SketchUp只支持单窗口操作，因此，无法在同一个窗口中打开多个模型文件，如果确实需要，可重复多次打开软件。 ② 高版本的软件可以打开低版本软件中完成的模型，但低版本无法打开高版本制作的文件，使用SketchUp 2018的保存命令，可将模型文件另存为低版本格式，也可以下载其它的SketchUp版本转换小程序来完成
视图操作	① 实际建模过程中，最常用的旋转、缩放和平移视图的操作只需鼠标中键结合Shift即可完成。用户需要熟练使用鼠标中键滚轮滚动来缩放视图、按下鼠标中键滚轮拖动来旋转视图、按下Shift键的同时按下鼠标中键滚轮拖动来平移视图。 ② 视图操作还可以结合视图工具组快速切换等轴、俯视、前视、右视等默认视图
线的绘制	① 在绘制一些特殊的参考线段时，为了使捕捉更加快捷准确，可以在原有或已绘制的点、线、面上停留一下，当其出现所需要的捕捉提示时，再进行绘制。 ② 当需要绘制沿轴的平行线时，可按下Shift键锁定参考，也可以按键盘上的方向键来对某个轴线进行快速锁定，按右方向键→可锁定X轴，左方向键←可以锁定Y轴，上方向键↑可以锁定Z轴，再次按下方向键时为解锁。 ③ 直线工具除了常规的绘制命令外，还可以用来测量线段的长度，使用时，单击确定所需测量线段的起点，然后将鼠标移动到线段终点位置，即可在数值输入框中看到该线段的长度
矩形的绘制	① 矩形工具除了用于绘制矩形外，还可以用来分割平面和封面，对已经存在平面使用矩形工具，可将其进行面的分割，对闭合的线使用矩形工具，可将其进行补充封面。 ② 当需要绘制空间中的矩形时，使用旋转矩形工具，并结合周边参照平面使用，会更加方便
圆形的绘制	① 在绘制圆形时，边线数越多，绘制的圆形越精确圆滑，但较多的线段数会占用更多的系统资源，随着模型的增大，会使软件变得卡顿，用户需根据实际需要来确定圆的边线数，并非越多越好。 ② 使用"选择"工具，单击选择绘制的圆形面，并按下Delete键将面删除，可得到圆形边线。 ③ 在已经存在的平面上绘制圆形或多边形时，可自动对面进行圆形或多边形的分割；对于闭合的圆形线或多边形线，可使用"直线"工具在其边线任意两个端点绘制，即可实现封面，这对于从AutoCAD中导入的圆形线封面非常实用
弧形的绘制	① 在已绘制的圆弧上右击可弹出快捷菜单，选择其中的"拆分"，可将弧线等分为所需要的段数；选择"分解曲线"，可将弧线按照它本身的组成段数进行分解。 ② 在使用圆弧工具绘制圆弧时，可在激活工具后直接输入所绘圆弧的段数，如需要绘制由18条边数组成的圆弧，则输入"18s"

选择工具	① 用户可以养成在使用完其它工具后，随手按一下空格键的习惯，可在退出当前工具的同时，快速切换至选择工具，方便实用。 ② 当需要将选择的对象进行删除时，按下键盘上的 Delete 键即可
移动工具	① 在对物体进行移动时，可按下 Alt 键执行自动折叠。 ② 在移动对象的过程中，可以通过输入移动点的三维坐标来精确定位，例如输入绝对坐标"[500，500，500]"，即是移动至距离坐标原点 X 轴 500、Y 轴 500、Z 轴 500 单位的点上；如果输入相对坐标"<500，500，500>"，即是指相对于移动基准点的同样距离。 ③ 当需要复制对象时，还可以在对其进行选择后，按快捷键【Ctrl+C】进行复制，然后按【Ctrl+V】进行粘贴
推拉工具	① 推拉工具只可以对平面进行操作，对于曲面无法进行推拉。 ② 合理使用推拉工具的各种技巧，结合绘图工具划分平面，并结合减去、挖空等操作，可以创建多样复杂的三维模型，在景观设计初期方案体块推敲时非常实用。 ③ 在 SketchUp 的线框模式下无法显示表面，因此推拉工具在此模式下无效
旋转工具	① 在对非群组或组件的模型进行旋转时，必须先全部选择对象再激活命令才能执行，如果先激活命令，则只能选择模型中的线或面进行旋转扭曲。对于多个模型物体的旋转，也同样需要先对物体进行选择再激活旋转工具。 ② 在使用旋转工具进行环形阵列时，在旋转复制完成第一个对象后，也可以在原对象和复制对象之间创建等分阵列，如需要 5 等分，则输入 5/ 即可
路径跟随工具	① 在使用路径跟随工具时，放样路径和截面必须在同一个模型空间中，即必须存在于同一个群组或组件中。 ② 在激活路径跟随工具后，也可以先移动鼠标至截面，按住 Alt 键后，单击截面并拖动至所需跟随的面，即可完成放样
偏移工具	① 偏移工具只能对平面执行，曲面弧面无法进行偏移。 ② 当没有选择任何对象，而是直接激活偏移工具后，可将鼠标移动至所需偏移的对象，光标会自动选择平面或弧线，并可进行偏移，但无法对两条或两条以上的线进行偏移。 ③ 偏移出来的曲线，无法使用"图元信息"对属性进行编辑
擦除工具	① 擦除工具的主要使用对象为边线，对于面的删除和隐藏无法使用擦除工具，用户可以对面进行选择，并按下键盘上的 Delete 键进行删除，或在面上右击鼠标，在弹出的快捷菜单中可选择"删除"或"隐藏"。 ② 当视图中有大量需要删除的对象时，擦除工具往往并不实用，更好的做法是通过选择工具结合 Delete 键，来对选择的对象进行删除。 ③ 按下 Ctrl 键可柔化边线，同时按下 Ctrl 键和 Shift 键则可快速取消边线的柔滑效果

群组	① 在实际建模过程中，对不同对象的群组创建应当尽早完成，以免出现后期模型间粘连，而产生不易修改的问题。 ② 群组创建的条件是，必须选择两个或两个以上的对象，单个对象无法进行群组。 ③ 当在群组内部完成修改后，可单击群组外的任意位置退出群组，也可按下 Esc 键退出
组件	① 组件的尺寸和范围没有显示，可以是一条线，也可以是整个模型。 ② 组件除了存在于本身的模型文件中，还可以导出到别的模型文件中使用，这一特点使得组件的实用价值大大提高，且制图效率也得到提升。 ③ 组件具有自己独立的坐标系，在创建时可以保持默认，也可以自行设定坐标轴，而群组不具有自身独立的坐标系。 ④ 在 SketchUp 制作的景观模型文件中，经常使用到的人、车、树等配景都是通过组件的方式插入的，这些组件一般都是从外部资料中获得。这些组件有些是二维物体，有些是三维物体。二维组件文件量较小，但精细度不足；三维组件细节丰富，但占用的文件量较大，用户可根据实际需要选择使用。 ⑤ 在较大的模型场景中，往往需要多个组件，且层层嵌套，不便于修改编辑。此时，可通过菜单栏"窗口"—"默认面板"—"管理目录"，打开管理目录面板，在其中可以以树形结构显示模型中的所有组件及群组的情况，方便查看和编辑
材质	① 当模型中的材质过多，且部分材质并未使用时，可单击"材料"面板中的"详细信息"按钮 ➤，选择其中的"清除未使用项"，对未使用的材质进行清除。也可选择菜单栏中的"窗口"—"模型信息"，在弹开的对话框中选择"统计信息"，单击"清除未使用项"。 ② 在调整材质的不透明度时，大于70%的设置，物体表面的投影会正常显示，而低于70%的设置则不会产生投影。 ③ 对某一材质表面进行右击，可在弹出的快捷菜单中单击"选择"—"使用相同材质的所有项"，该命令可以将所有与该材质相同的物体，进行全部选定
图层	① 图层与群组、组件结合使用，可以使建模和后续的修改过程更加清晰方便，例如将同类型的物体归类放在同一图层内，就是一个很好的图层管理习惯。 ② 图层在 SketchUp 中的作用远没有在 AutoCAD 和 Photoshop 中强大，在 SketchUp 中更多的作用体现在对物体对象可见性的控制上
阴影	① 在 SketchUp 中的阴影是实时渲染的，当模型对象位于地平线（红绿轴面）以下时，地面投影会出现错误显示，此时可以将物体移至地平线以上或在模型底部增加一个平面作为地面，并取消"在地面上"的勾选即可。 ② 只有不透明的材质表面能接受阴影，具有透明度材质的表面无法显示阴影。 ③ 在使用 SketchUp 进行效果图表现时，需要启用阴影显示来提高空间的立体感，并尽量使要表现的场景处于受光面，保证效果

沙盒	① 从AutoCAD中导入的等高线相对精确，可以创建精细准确的地形，而在SketchUp中绘制的等高线或使用网格创建的地形，则不够精确，更适合方案初期阶段的空间推敲。 ② 使用等高线或网格完成地形的创建后，系统会自动将其群组为一个对象，用户除了使用沙盒工具对其编辑外，还可以使用"缩放"工具，对其进行所需的放大或缩小编辑。 ③ 使用网格的方式创建地形，会让模型的信息量大幅度增加，并拖慢计算机运行速度，因此不建议大量使用

附表2 Lumion 8.0技巧提示汇总

系统设置	① F1～F4键可用于切换场景显示的品质，当用户电脑配置较低时，可使用F1或F2键的中低品质进行编辑，需要导出图纸时，再切换至高品质即可。 ② F7和F9键分别用于控制地形和植物的显示质量，当未使用高品质时，只会影响编辑视图场景的预览品质，并不会影响使用拍照模式导出图像的清晰度
天气	① 天气功能中的太阳方位选项，在景观效果图表现中主要用于调整场景物体的投影方向，出图时尽量调整场景中的物体处于受光面，从而保证画面的明亮清晰。 ② 将太阳高度和太阳亮度配合使用，调至夜晚，并结合灯光的布置，可用于表现景观设计中的夜景效果
景观	① 景观功能用于创建和编辑自然地形，对于大部分的城市景观设计来说，此项使用到的频率并不高，一般只用来创建并丰富场景背景。 ② 默认情况下，草地的效果是关闭的，一般在编辑时可以保持默认，只在导出图像时打开草地效果，这样可以减少软件对系统的资源占用，提高运行速度
材质	① 在Lumion 8.0中，多数情况下不支持中文目录，因此在使用外部材质贴图时，需要保证材质贴图的文件名和存放位置中不能有中文，不然会出现材质无法显示或显示错误的问题。 ② 在Lumion 8.0中，内置的大量预设材质在一般情况下基本可以满足日常景观设计场景的制作，但仍需要掌握材质的属性编辑方式和外部贴图的使用方法，以备特殊情况下使用。 ③ 在使用某些具有凹凸感的材质时，用户可以通过材质属性界面中的"凹凸强度"进行调整，而对于外部使用的材质贴图，用户则可以通过使用一款名为Crazybump的软件来制作法线贴图，从而实现材质凹凸的效果
物体分类	① 在使用内置的默认物体时，物体会按照系统的预设放到场景中，对于这些物体模型来说，用户还可以通过编辑命令，对其大小、旋转、高度、颜色等参数进行调整，来满足不同的需要。 ② Lumion 8.0中内置了大量各种类型的物体模型，对于景观设计来说能够基本满足使用需要，除此之外，用户还可以在网络中下载并安装扩充的物体模型库或通过其它软件自行建模的方式，来扩充所需要的物体模型

物体放置	① 在场景中可以通过多次放置的方式，增加所需的模型物体，也可以通过对已放置的物体进行选择并复制的方式来放置多个物体。 ② 在放置外部导入的 SketchUp 模型时，会以原点坐标为基点进行放置，因此可能会出现放置后找不到模型的情况，这是在 SketchUp 建模时，模型距离原点坐标太远所致，用户可以返回到 SketchUp 中，将模型移动至坐标原点附近，重新导入即可
物体的基本编辑	① 在使用移动、缩放、旋转等基本编辑工具时，应习惯于使用组合键的方式来提高绘图效率，例如移动的同时按下 Alt 键可进行复制，按下 Ctrl 键可进行框选物体等。 ② 在任何一个基本编辑工具状态下，均可通过按下快捷键的方式临时切换至其它编辑工具，如快捷键 M 切换至移动工具、L 为缩放工具、H 为高度工具、R 为旋转工具
关联菜单	① 对于拥有较多模型物体的大场景而言，合理利用关联菜单中的各类选择选项，可对所需物体进行批量选择，从而大大提升制图效率。 ② Lumion 中内置的各类物体类别已经较为丰富，但用户仍可通过对部分物体属性的编辑，例如颜色、大小、范围等来继续增加对象物体的丰富度
导入与图层系统	① 当向场景中导入新模型时，单击即可放置，此时并未退出放置命令，如果再次单击则会重复放置模型，此时可按下 ESC 键，即可退出放置命令。 ② 在导入新模型时，如果出现放置后找不到模型物体的情况，可能是因为模型文件的位置距离坐标原点太远，导致超出当前视窗范围，可尝试在场景中旋转视角查找，或在建模软件中重新打开模型，并将其移动至坐标原点附近重新导入即可。 ③ 使用新版 SketchUp 2018 完成的模型文件与 Lumion 8.0 版本并不兼容，在导入时需另存为低版本的 .skp 文件
特效	① 不同片段的特效不同步，如若需要复制特效，点击菜单—编辑—复制效果进行复制。 ② 如片段的编辑效果框后有"添加关键帧"按钮 ⚟ ，即可添加关键帧特效。在片段进度条中找到所需时间点单击"添加关键帧"按钮 ⚟ ，即在片段进度条上出现 ▙ ，调整效果参数，调整数值即可被记录在该片段的时间点上。再在进度条中找到所需的第二个时间点，再次单击"添加关键帧"按钮 ⚟ ，进度条出现 ▙ ，调整效果参数，调整数值即可被记录在该片段的第二个时间点上。重复上面操作，添加多个特效关键帧，这些关键帧之间会自动补全动画，从而实现动态特效效果。 ③ 如需对所有片段添加特效，只需在动画面板中单击左下角的"整个动画"按钮 ▤ ，然后添加动画特效即可，此时特效将会对所有的片段起作用